儿童易遭侵犯空间的分析及其对策

[日] 中村 攻 著
卡米力·肖开提
章俊华 译

中国建筑工业出版社

著作权合同登记图字：01-2005-5405

图书在版编目（CIP）数据

儿童易遭侵犯空间的分析及其对策/（日）中村攻著；卡米力·肖开提，章俊华译．—北京：中国建筑工业出版社，2006
ISBN 7-112-08090-8

Ⅰ．儿…　Ⅱ．①中…②卡…③章…　Ⅲ．儿童-安全-影响-城市空间-建筑设计-研究　Ⅳ．TU984.11

中国版本图书馆CIP数据核字（2006）第015742号

责任编辑：白玉美　率　琦
责任设计：郑秋菊
责任校对：张树梅　刘　梅

儿童易遭侵犯空间的分析及其对策

［日］中村 攻　著
卡米力·肖开提
章俊华　译

*

中国建筑工业出版社出版、发行（北京西郊百万庄）
新　华　书　店　经　销
北京海通创为图文设计有限公司制版
北京建筑工业印刷厂印刷

*

开本：880×1230毫米　1/32　印张：$7\frac{3}{8}$　字数：220千字
2006年7月第一版　2006年7月第一次印刷
定价：28.00元
ISBN 7-112-08090-8
（14044）

（邮政编码 100037）
本社网址：http://www.cabp.com.cn
网上书店：http//www.china-building.com.cn

目 录

前言　儿童、城镇与犯罪

本书中，我以城市，特别是城镇的开放空间（公园、绿地、广场、马路、自然空地，以及没有建筑物的空间）的规划为中心，从造园学的立场出发，把城市规划的应有状态作为研究与教育的对象。

这项工作以儿童的生活状况为视点，将验证城市规划的应有状态作为研究的一个重要内容。为此，我曾经对东京市中心、高层住宅小区、新开发区、地方城市、农村、山村、渔村以及许多地域的孩子们的生活进行了调查，对各种各样的居住地类型会给孩子们的生活发展产生什么样的影响这一问题进行了研究。

东京站周围生活着不少孩子，从像山谷似的被高层建筑包围着的阴暗的小学里可以听到健康、快乐的童声。无论在什么样的大城市中心，只要有大人生活着，就有孩子们的存在。但是，在这样的空间里，孩子们的生活问题如今却变得越来越严重。生活空间的极度贫乏是孩子们成长的一大阻碍。例如，在儿童玩耍方面，我们几乎看不出性别差、年龄差和季节差。男生与女生、低年级与高年级学生在一年中几乎玩同样的游戏。在单调的空间里，通过游玩使儿童达到身心健康发展这一目的的确存在着很大困难。

此外，对高层住宅小区儿童的生活状况同样值得考虑，那就是把儿童与活动的场所“大地”相疏远的生活现状。在这方面，日本和英国等国家相比并没有十分特别的地方。对于这点的解释需要相当的时间和精力。根据以前（迁入高层小区前）的住宅条件（面积、周围环境等）达到一定水准以上的居住者的抽样调查来看，这种状况对高层住宅的孩子们的生活有着很明显的负面影响。对日本而言，由于从前的居住条件不是特别好，所以对高层住宅存在的问题难免有想不到的地方。

农村儿童的生活也是如此，在农业衰退的同时存在着极大的问题。他们围着电视吃零食度过的时间比城市的儿童还要长。山川、田地等的荒废反过来又使区域规划变得井然有序，但对孩子们来说，它们却变成了危险且不能游玩的空间。随着农业生产的衰退和近代化，这些空间逐渐变成了无人管理的空间。因此，曾把那里当作游玩场所的孩子们也就失去了自己游玩的空间。

我们通过对各种居住地儿童生活的调查，从儿童生活发展这一观点出发对居住地的现有状态进行了研究。不管是什么样的居住地，我都对在规划时很少考虑孩子们的生活这一点上感到痛惜。越是看似完美的规划，越是在“重视孩子们的生活” 这一点上退步。可是，只要有大人生存，就有孩子们在生存，因此儿童在这个地方有自己生活及成长的权利，我们必须对他们的这种权利进行保障。

普遍来说，日本的城市布局过密。人均占有公园 · 绿地的面积不及欧洲各国的一半。这种过密程度反映在下水道普及率的低下及住宅狭小上，它反映出日本城市居住环境的落后。当然，把公园 · 绿地当作主要生活场所的儿童对扩充整理公园 · 绿地有一种强烈的欲望，加之从经济高度成长期到经济泡沫期，一直对公园 · 绿地的机能起到补充作用的空地也在逐渐消失，孩子们能够自由游玩的空间（对于“孩子们在公园里能否自由玩耍”这个问题在这里暂且不讨论）变得越来越少。这种社会状况使得日本从事城市规划（广义是城镇建设）和为儿童生活环境的改善而奔走的人们把扩充公园·绿地等正在作为其重要的课题。在世界无处能比的拥有高地价的日本城市里，像扩充公园·绿地这样不能产生利润的空间是一件非常困难的事情。对此，有关人员一直在作着极大的努力。无论是在新城镇还是在旧城镇，增加一些这样的空间应得到社会的关注。

对城市里无条件相信“扩充公园·绿地与居民的居住环境质量的提高有关联”这一说法的人们来说，户外的儿童被诱拐、被杀害等突发性事件接连发生了四件。所谓的“宫崎事件”（正在审理当中）就相继发生在公园·绿地。案发现场是规划建设的住宅区中的公园和绿地。这个住宅区位于住宅区群的中央部，配置了绿化较好的公园·广场，而且在住宅区内的各处配置了小公园和绿地。可正是在这个住宅区的小公园里，儿童被诱拐，并且在旁边的绿地被杀害。

以此事件为契机，人们对于公园·绿地的看法有了明显的变化。也可以认为它由潜在的问题变成了显露的问题。作为孩子们暑假期间要注意的危险空间，学校可以列举出不少地域的公园·绿地发生此类案件的例子，所以在住宅区内，孩子们不能在中央部的树木和草木繁茂的地带玩耍，而只能在视野较好的、有草坪的广场玩耍。对于开放的空地（绿地）以及各住宅相互联结、整体像一个公园似的新的住宅区来说，居民们出于防止犯罪的考虑，反对此类规划的越来越多。

城市规划应充分考虑如何将治安不良的城市转变成安全的城市，为此我于10年前的一个初夏访问了警视厅和千叶县警察本部。首先我想知道和了解的是儿童在什么地方容易遇到伤害。我得到了两警察署的大力协助，他们向我提供了大量的资料。可我得到的结果却是，所谓儿童的犯罪是指儿童扒窃、吸食毒品等的犯罪事例，而我需要的却是普通的孩子作为受害者的资料。可见，把逮捕犯人作为主要任务的警察并没有对这种形式的资料进行过收集和处理。同时，因为警察署也没有这方面的资料，所以日本的行政机关也告诉我"什么地方都没有这方面的资料"，即日本的行政机关（自治团体）对各自城市和乡镇的孩子们"在哪里"、"以怎样的形式"、"遇到怎样的伤害"这一实际状况都不了解。在这种情况下，我们就不可能制定出能够保护儿童安全的城市规划。

在学术领域中，我们究竟明确了什么事实呢？我通过从学会和协会杂志等处收集有关犯罪的论文，得到了以下两个事实：

一是关于犯罪的研究大部分集中在犯罪社会学和犯罪心理学领域，尤其对发生犯罪的社会主要原因以及加害者和受害者的心理分析这方面的研究有很多，而从犯罪空间学角度出发加以研究的却极为少见。

二是对为数极少的犯罪空间学的研究。在这里特别应该说明的是已故汤川利和（奈良女子大学教授）的研究。这是对于美国阐明高层住宅区建筑物所具有的危险性的前导性研究。另外还有以警察等有关人员为中心，主要针对预防盗窃的空间研究。在不仅仅是建筑物而是把城市全体作为对象、不仅仅是盗窃而是把直接对人体施加危害的暴力犯罪和色情犯罪作为对象来研究犯罪空间方面，学术界几乎是一片空白。

在这里，我决定对儿童受害的实际状况进行调查。调查对象为我们大学所在地的千叶县松户市和相邻的市川市小学的四五六年级学生。为此，我从中抽出住宅区、住宅和工业混合区、商业区等地域条件不同的13所小学校的高年级学生5000余人，对他们实施了调查。

调查结果清楚地表明，不管在什么类型的地区，也不管在哪所小学，在升到小学高年级之前，有40%左右的孩子遭遇过伤害。说孩子们是在犯罪侵害的阴影下生活绝不是夸张之言，说他们随时随地都会受到很大的伤害也不足为奇。

经过对犯罪发生地的实地勘查，令我感到遗憾的是，就是站在受害现场，对事件是偶然发生的还是必然发生的这一主要原因也没有弄清楚。我就是这样在没有得到正确答案的情况下闷闷度过了不眠之夜。此次受到文部科学省科学研究费的援助，决定在东京搞同样的调查。尽量找距市中心近（如果是千代田区、港区、中央区市中心三区的话，孩子的数量会很少）且选出孩子们多的地区，如江东区和在其周边、离大学也近的葛饰区，依据地区条件的差异各区抽出9所学校，共计18所学校，对3000多名小学高年级的学生实施

遇到犯罪侵害的儿童－A市7所学校的情况

学校	OW小		KN小		NK小		SY小		SW小		OS小		SY小		合计	
性别	男	女	男	女	男	女	男	女	男	女	男	女	男	女	男	女
有	43 (39)	61 (47)	66 (40)	61 (34)	70 (32)	65 (31)	107 (39)	97 (36)	120 (46)	109 (45)	35 (29)	45 (32)	79 (43)	74 (40)	520 (39)	512 (38)
	104 (43)		127 (37)		135 (32)		204 (38)		229 (45)		80 (30)		153 (41)		1,032 (38)	
没有	68 (61)	69 (53)	99 (60)	118 (66)	148 (68)	144 (69)	169 (61)	171 (64)	143 (54)	132 (55)	87 (71)	97 (68)	107 (57)	110 (60)	821 (61)	841 (62)
	137 (57)		217 (63)		292 (68)		340 (62)		275 (55)		184 (70)		217 (59)		1,662 (62)	
合计	111	130	165	179	218	209	276	268	263	241	122	142	186	184	1,341	1,353
	241		344		427		544		504		264		370		2,694	

单位：人（%）

注·在表中存在着不同类型的学校

了调查。

此次调查结果与上次的不谋而合，即不管任何类型的地域，也不管在哪个地域，四成左右的儿童受过伤害。依据上次的调查结果看这个结果的话，不难得出这样的结论，即不管住在日本的哪个城市里，都可以说孩子们正与蔓延的危险一起生活着。

受此冲击性调查结果的鼓舞，我们又对300多处有代表性的危险地点做了调查。在这一过程中，我们只能以“犯罪发生地有何种空间特征”这个命题作为焦点，一次次对这些地点进行观察和走访，终于有一种轮廓渐渐显现出来的感觉，悟出了这种危险地方必定存在着足够的空间这一主要原因，而这个主要原因是城市规划的结果。如果继续照此方向进行城市规划的话，孩子们将会面临更大的危险。

为了把这一研究结果及时告诉从事城市规划的人们，我决定撰写这本书。

本书您不一定要从第一章依次读完，但“前言”和“后记”请不要漏读，可以根据实际需要通过目录阅读自己比较关心的章节。如果只阅读第六章和第七章的话，您也能抓住危险空间的要点。

第一章 “区域规划整理”与危险空间

1 与城市化无关的公园

区域规划整理被认为是“城市规划之母”，这意味着日本的很多城市都是根据区域规划的结果进行规划的。它是极为宝贵且有效的城市建设手段，今后也会得到广泛应用。

区域规划整理在建设和完善城市公园方面也起到了非常重要的作用。

另外，区域规划整理要在规划对象面积达到3%的公园里发挥作用。除了超大规模和特殊的公园以外，城市中的许多公园都可以说是根据区划整理建造的。可是，在根据这个标准建造的公园里也存在着不少危险因素。根据城市化的进展状况（成熟度），这些公园具有三个阶段的形式，在地域中随不同的阶段有其定式。

〔图1〕

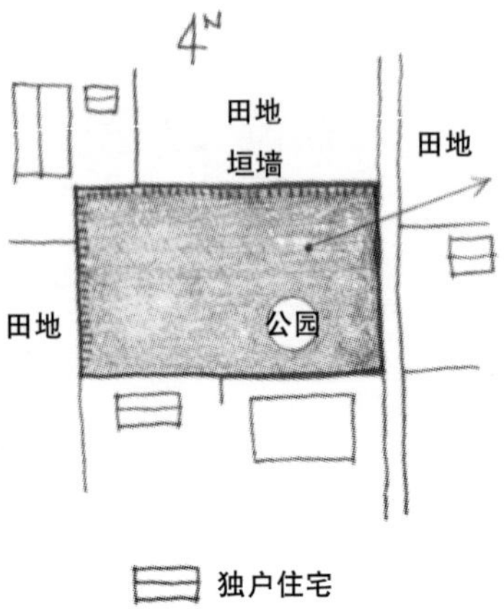

有代表性的犯罪实例

被外国男性抱住抚摸胸部

a）［被害者的年龄／性别］12岁女子
b）［发生时间］2月17点
c）［被害时的状况］两个人一起玩耍时
d）［加害者的特性］没有见过的大人

差一点被中学生殴打

a）12岁男子
b）2月16点
c）三个人一起玩耍时
d）没有见过的中学生

公园在建成一段时间后，周边仍是大量田地，很难看到人影。

为了防止从周边的田地吹进尘土，周围修建了与门柱同高的垣墙。

（a）第一阶段

这个阶段，周边还没有市区化。在公园的周围分布着农业用地、现有宅地和一部分新建住宅。图1便是处于这个阶段的公园。公园周围（北面和东面的建筑物中没有开放的部分）的白铁皮围墙是为了防御周边耕地的尘土侵袭、遮挡北风和向阳而建造的，正所谓“利用者的智慧”。不过，这种做法其实是非常危险的。

处于第一阶段的公园，周围居住者寥寥，公园与周围的关联度也很小，显得很孤立。这样的公园是非常危险的空间。

（b）第二阶段

随着时间的流逝，公园周围也被市区化，但速度不是很快，只能说是渐渐地市区化。在区域规划整理方面，首先对道路和公园等城市基础设施加以建设和整治，然后把小街区的建设和整治委托给民间（土地所有者），这种运作方式也是理所应当的。

到了这个阶段，公园周围的农业用地和空地的用途也在转变，即使这样，周围的土地也不应该马上被宅地化，农业用地和很多空地都被改成了临时停车场、临时仓库和资材放置处等。处于这个阶段的公园，一时被不合理利用的空间包围着。如图2所示，由于三个方向被停车场围着，这个公园成了色情犯罪多发的危险地带，也

〔图2〕

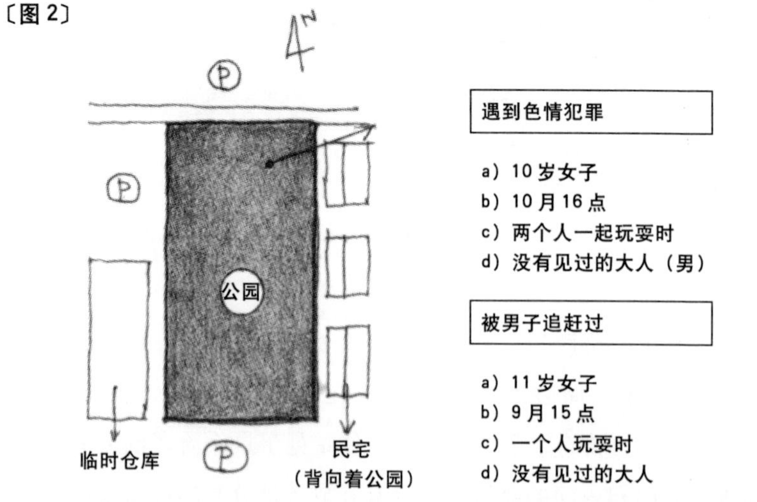

公园周围由农地变为临时停车场的情景。

经常是地区“不良少年”的聚集地。这样一来，公园就变成了地区中孩子们不可过分接近的空间。

（c）第三阶段

随着时间的流逝，公园周围的土地被人们从像停车场一样的一时性利用，转变成像住宅一样的永久性利用。到了这个阶段，它就具备了“城市”的最初面貌。可是，在第二阶段完全变成城市不合理设施的公园周围也同样建造了不少背向公园的住宅。邻近公园的住宅，不论在哪一方位，都把开口部少的、利用性低的墙建在面向公园的一侧。如果面向公园的一侧用栽植和砖墙等切断与公园的联系，就会产生像被周边住宅弃置、同周围分离的空洞一样的空间。如图 3 所示。

通过区域规划整理建造的公园，对孩子们来说未必是绝对安全的空间。按照区域规划整理后城市化的进展状况，经过几个危险的时期，最终将显现出几个易于导致犯罪的空间。

〔图 3〕

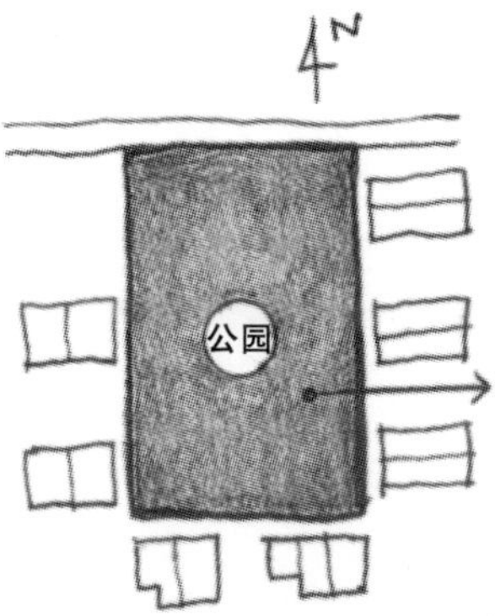

不久，公园周边建起了整排的民房。可是这个麻烦丛生的民房都背朝着公园

强迫看性器官

a）9 岁女子
b）3 月 17 点
c）四个人一起玩耍时
d）没有见过的大人（男）

被男子追赶过

a）9 岁女子
b）11 月 17 点
c）一个人在放学时
d）没有见过的大人

之所以如此，主要原因在于，区域规划整理的公园与公园周围的市区化（特别是和公园邻接的建筑物的用途和设计）无关，而与先前的建设有很大的关系。公园的安全性主要与相邻的建筑物相关，又因与周围建筑物、道路和树木等的关系而受到很大影响。因此，对先前建成公园的邻近空间、周围空间如何被使用以及怎样设计和规划的研究非常必要。对后建的住宅等也应该按照那个规划进行建设，这样就需要有像地区规划一样的制度来作保证。

而且，只有根据已建成的周围住宅的状况去修复公园，最终才能建造出与该地域相融合的公园。

从邻接公园东侧的民家，只能看到公园一侧很小的开口处部分。

邻接公园西侧的民家。这样一来公园就会被从周围孤立。

2 与公共设施没有一体感的公园

区域规划整理的公园大多数是通过土地征用（为了建造公共设施，土地所有者互相拿出土地的一部分的制度）建造的公园。这期间，稍大的邻近公园与政府机关的办事处和保健所、图书馆和儿童馆、公营住宅（政府出资建造提供的廉价房）的公共设施等作为一个整体建造的也为数不少。

图4是利用公园用地的一部分建设保健咨询处。可是，这个咨询处和公园除了都是根据公共（区）设施在同样的用地内建造这一相同点以外，两者完全没有任何关系。这个保健咨询处的一楼外面设置了停车场，里面设置了机械室，人影稀少。面向公园的二楼部分开口部也很小而且看不见人影。因此，这个公园属于犯罪多发的危

〔图4〕

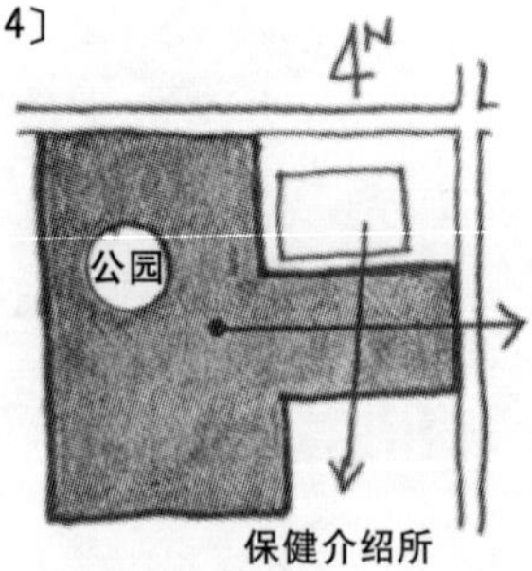

被男子追赶过

a）9岁女子
b）10月17点
c）一个人从补习班返回时
d）没有见过的大人

被中学生打

a）10岁女子
b）15点
c）三个人在玩耍时
d）偶尔见过的中学生

无缘无故地说还我25000日元

a）8岁男子
b）11月13点
c）两个人在玩耍时
d）高龄者

险公园。不过，如果保健咨询处的事务室和等候室能设在一层并且面向公园的话，公园的孩子们就安全了，咨询处的人们也会充分感受到四季的绿色氛围。如果在这个用地的一部分建设保健咨询处的时候能再稍微考虑一下跟公园的相互利用关系，那么两者结合在一起就能够营造出更好的环境。

图 5 就属于这样的公园。这个公园是通过区域规划整理建造的公园，在周围配置了区政府的办事处和公营住宅。如果这个公园与区政府办事处和公营住宅同时规划设计建设的话，它应成为地区中最安全舒适的公园，也能给周围的建筑物提供良好的环境。可是，这个公园和这些设施间并不存在那样的一体性。

这种结果导致了这个公园成为地区犯罪多发且最危险的公园。公园两侧的区政府办事处背向着公园。从公园无法看见办事处内部的工作人员。为了方便来访者，办事处还设置了自行车停车场，建

保健所位于公园侧面。一层是停车场和机械室，二层只有很小的窗户。这样一来，公园和保健所在同一用地内就没有了任何意义。

筑物和公园被停车场的白铁皮完全分离开来。

如果进行规划时能够考虑公园与周围环境的搭配，使到公园游玩的人有充分的安全感，这个公园就能成为安全的公园，办事处也能有更好的环境。

在公园北侧的马路对面建造了公营住宅，即这个公园位于公营住宅的南侧，后面我们将会对此作详细介绍。位于住宅区南侧的公园是更加安全的公园，与北侧的公园相比，南侧的公园会受到住宅区居民的充分注意。可是，这个公园没能充分利用好这样的条件。这个公园在用地的北侧，即在公营住宅方向种植着高大的树木，公园内部并没有进入住宅区居民的视野当中。这种情况是由于在设计时认为公园和周围的建筑物无关造成的。如果周围的建筑物是民营的话，说不定改造起来很困难，但因为周围的建筑物是公营住宅，应该及早予以改造才对。

如同公园属于公园行政、区政府大楼属于总务行政、公营住宅

〔图 5〕

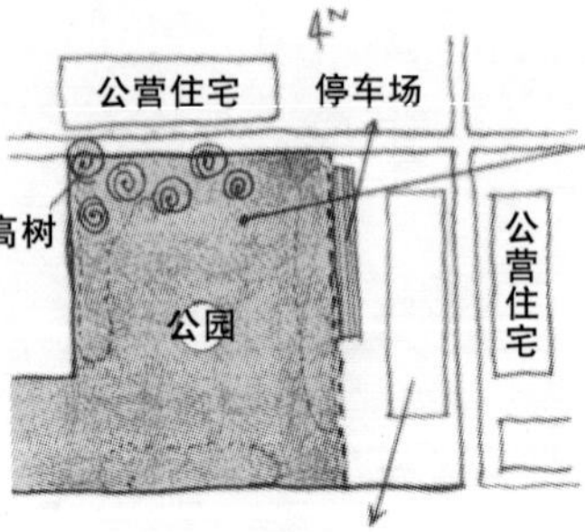

一层是区役所的办事机构，二层以上是公营住宅

强迫看性器官

a) 8 岁女子
b) 9 月 15 点
c) 三个人在玩耍时
d) 偶尔见过的大人（男）

被中学生恐吓

a) 9 岁男子
b) 12 月 15 点
c) 在两个人时
d) 中学生

被吓唬

a) 12 岁女子
b) 9 月 16 点
c) 一个人在等朋友时
d) 偶尔见过的中学生

屁股被摸

a) 9 岁女子
b) 15 点
c) 一个人在玩耍时
d) 没有见过的大人（男）

属于住宅行政一样，同一用地内的建筑物也是根据直属行政单位相互之间无任何关联地建造起来的。这些设施一边弥补彼此的短处，一边充分施展其长处。如果能够创造出具有一体感的空间，通过相乘效果便得以营造出极好的环境，这样一来，公园不但能够确保安全，还能起到整体规划中心的作用。

乱建的自行车停车场切断了公园和区役所办事机构的关系。

公园的高树切断了南面的公营住宅住户的视线。

3 没有必要与公园邻接的公共设施

在地域内公共设施集中的地区建造公园，如果充分与接近公园的设施做一体性设计的话，就可以营造出相乘效果的环境。可事实上由于各种设施各自为政地进行建设，公园成为危险的空间也是迟早的事。

将公园和其他的公共设施做一体性规划这个想法非常重要，不过，也有与这种想法不相适应的设施。如图 6 所示。

这个公园是在清扫工厂附近建造的。由于清扫工厂的工作性质，公园阻碍了地域居民进入工厂。在公园的边界处筑起了又高又坚固的钢筋混凝土墙，沿着这堵墙建造的公园入口附近的园路成了黑暗

〔图 6〕

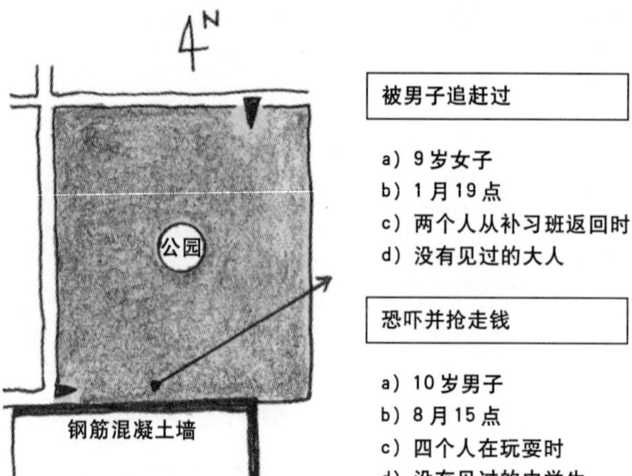

危险的空间。最近，清扫工厂在技术革新发展的同时，其公开性也在扩大，不过，在没有富余用地的情况下，封闭建设的工厂也不在少数。虽说公共设施可以集中布局，但由于设施类型的不同，并不是说只要与公园在一起，建造什么样的设施都可以。也有不应该与公园相邻进行建造的设施，更不用说这样的设施是累赘设施了，结果很多公园因为不常被人们所利用而成为危险的空间。实际上，对城市来说公园是更重要的设施。

沿清扫工厂钢筋混凝土墙而行的公园的入口附近很暗。

4 沿道的不合理利用与危险的道路

在根据区域规划整理改造的城市里，不应该说只有公园是危险的。在第一项里验证的市区化的第一阶段和第二阶段中，道路也有很多危险的空间。对区域规划整理来说，道路和公园是先被修建的，但如果说沿途的城市会以什么形态出现则言之过早，因为目前充其量也只是达到了对土地的粗略利用的程度，即只是为了方便土地所有者而到处对土地进行宅地化。不过，处于这种阶段的道路其实对孩子们是很危险的。如图 7 所示。

对道路两侧的土地利用是极不合理的，因为是荒地而被放置的

〔图 7〕

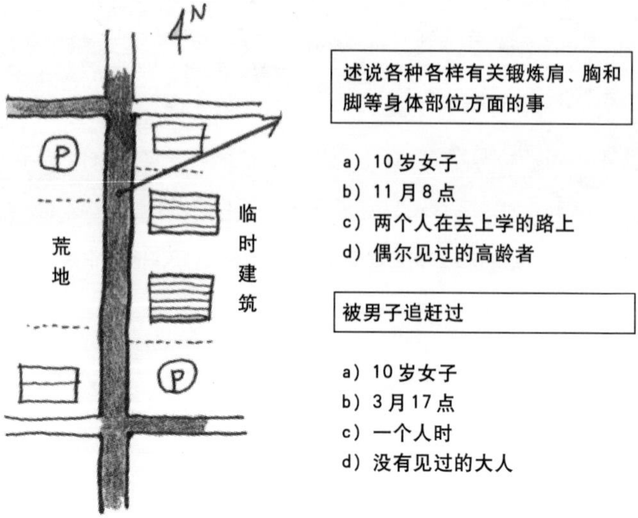

土地暂时变成了停车场，与成为资材放置处的土地相连接，占据着道路两侧。看来，先修建道路，然后把城市建设委托给土地所有者这样的运作方式需要改善。

道路的东侧是临时建筑。

道路的西侧是放弃管理的荒地。

5 区域规划内的农家造成的危险空间

城市近郊地区等区域规划整理区域内分散着不少农家。农家的用地与周边的新建住宅相比，有几个特征。它比宅地用地宽广，其周围用中·高木、宅地林和巩固的石壁等围起。在自家用地内，有宽广的庭园和工作房等，最里面还有正房（家族的住宅）。相对于周围新建住宅的用地面积小、绿色少来说，这种演绎和衬托地域个性的作用是不能被否定的。

可是，这个空间对于利用周围道路的孩子们来说，却意想不到地变成了多危险的空间。在连接与宅地林、坚固的石墙、宽广的庭园相隔的住宅用地的道路上，孩子们很容易遇到伤害。

〔图 8〕

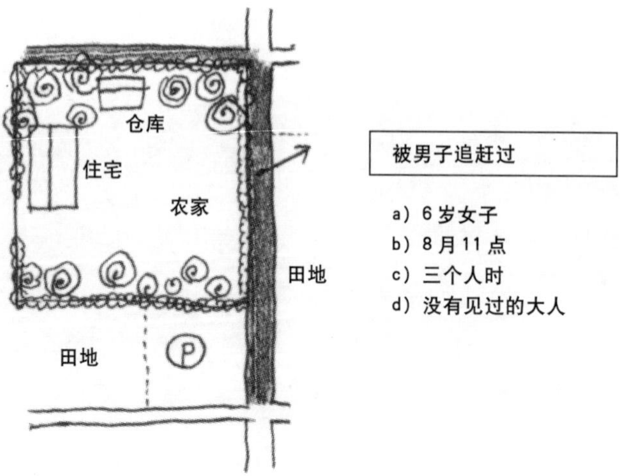

如图8所示。农家的院落被坚固的水泥预制板墙包围，在此基础上还种植着茂密的宅地林。院落大而且正房位于离道路最远的地方，隔着道路在反方向保留着农家的耕地，这样的空间是城市的一个死角。

应该如何调和这样的空间呢？这种情况下只能考虑道路一侧的农家及其另一侧的空间规划。这个事例里的土地是作为农业用地保留下来的。如果区域规划整理地区内的农家将自己的农业用地进行宅地化，相对来说不利于务农条件，所以到相距较远的农业用地去做宅地化，而将自己家周边的农业用地保留下的情况比较多见。本事例就是这样。可是，当需要在农家实施区域规划整理，即需要发展农业用地的宅地化时，如果将自己的房地这样放置的话，就必须对它会成为危险的空间这一事实有所认识。首先，要从自己家的周围出发去发展宅地化。将农家道路对面的农业用地宅地化，用在该宅地新建的住宅群去弥补农家的空间缺陷，这样的城市规划是必要的。

位于道路的西侧，在房地附近余留的农用土地。

同样在东侧并拥有宽广用地的农家。

被郁郁葱葱的宅地林包围的农家。它是城市里重要的绿色，不过……。

城市中典型的农家。虽然很美，但还是希望能进一步改善它同城市的关系。

第二章　“变化的城市街区”的危险空间

6 变化的行业种类

以前的商店十分关注地区里的儿童，在充当儿童成长环境的“地区的教育启蒙”方面，地区商店起着重要作用。可是，最近随着分布在郊外的大规模的小商品店进入建设高峰以及彼此之间的过分竞争，市区的商店也发生了很大的变化。这种变化使得以前对儿童施加充分关注的地区商店，反过来变成了使儿童易遭侵犯的危险空间。

如图9所示。在这种情况下，由于行业的变化，商店变成了危险的空间。作为新行业的游戏中心，即使是店铺的构造，也采用了隐蔽的，即从前面的道路无法看到其内部的建造方法。由于商店由以

〔图9〕

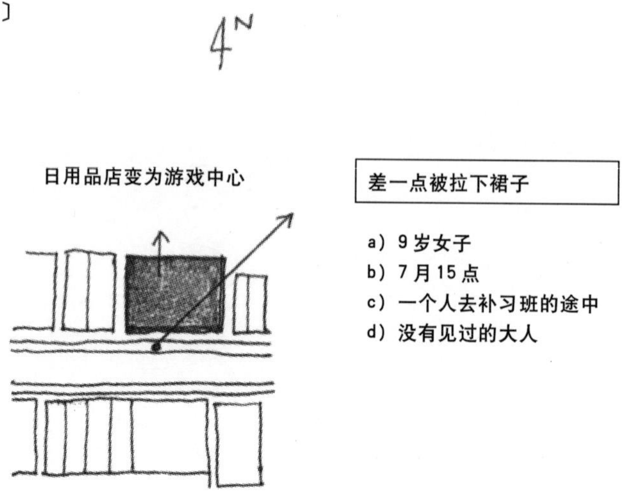

前的开放型格局转变为现在的封闭型格局，导致其门前道路上容易发生犯罪。如果连续发生这样的商店行业变化，门前道路犯罪的危险性就会越来越大。这种伴随着商店行业变化的危险空间在我国的城市中到处可见。

游戏中心。不能从前面道路看见里面的店铺。

7 变化的商店街

地区的商店街是住在那里的人们活力的象征。由于到处都能听到小区和商店里人们欢快的声音，所以对地区的孩子们来说，商店街也是个快乐的生活空间。但这些商店街现在正发生着很大的变化，它们正在向能对孩子们构成威胁的非常危险的空间转化。

如图10所示。在这里，孩子们容易受到色情、暴力和盗窃等各种犯罪的伤害。商店的变化从三个方面形成了对孩子们构成威胁的危险空间。

第一，由于歇业使商店街出现了空房和空地。在这个事例里，大体上有五家商店因歇业成为空房，也就是从白天开始就一直处于关

〔图10〕

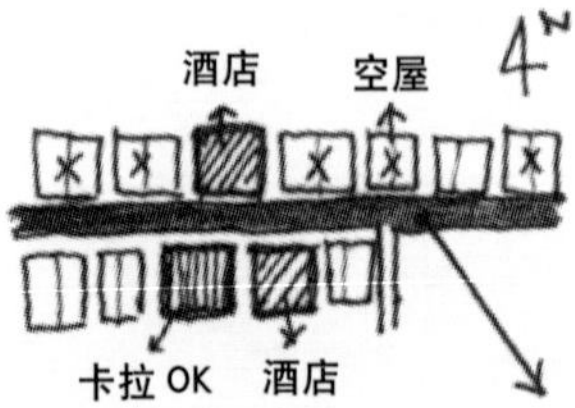

商店街的变化

发生了争吵

a）12岁女子
b）16点
c）四个人在玩耍时
d）没有见过的中学生

屁股被摸

a）10岁女子
b）7月11点
c）一个人在放学时
d）没有见过的中学生

被自行车追赶

a）11岁女子
b）10月14点
c）一个人去补习班的途中
d）没有见过的大人（男）

门状态。

第二，商店行业的经营类型从白天（中午）型转为夜晚型。这个事例说明了白天关闭、傍晚才开业的小酒馆和小吃店等的变化。它虽不是缘于歇业导致的空房，但对孩子们来说，它与全天关店的道理是一样的。

在白天关闭着的店铺。

第三，如同前项介绍的一样发生着行业上的变化。即相对于街区（道路），行业经营的方式从开放型向封闭型的转变趋势在加强。人们所说的游戏中心和卡拉OK就是这样的行业。这些行业就算是从白天开始营业，从整个街区的角度来看，它们也是封闭性的。

这个商店街在上述三种变化的共同作用下，孕育着非常危险的空间。

从地域再生的角度看，地区商店街的活性化正在成为一个很大的课题；从儿童的生活空间这个角度观察，地区商店街的活性化也具有重要意义。地区的商店街不应只是单纯的物品买卖的场所，它应该成为更宽广的哺育地区教育和文化、酝酿地方自治团体的空间。

如果像这样从各方面综合定位地区人们生活空间的话，对生活本身的重新认识是必不可少的。就像买东西就是买东西、教育孩子就是教育孩子、修养就是修养、福利就是福利一样，人们的生活如同一个个的片段，并且各自都在最大效率地追求着自己高度化和专业化的空间。

可是，这样的生活也给人们造成了难以避免的负面影响。对他们来说，重要的不是生活的一个个片段，而是生活的总体质量。因此，思考生活的各个部分与其他部分的关系以及如何使之综合发展是很有必要的。在这种看法的转变过程中，我们就不是只寻求在大型购物中心购物的便利，而是也有可能重新评估地区商店街的变化，并且据此创造出一个将购物、享受各种便利与儿童培育相结合的环境。

在白天关着门的卡拉 OK 和酒吧。

在白天行人很少的商店街。

8 立体型停车场

我国的城市过密。在密集住宅区，用地规模小、几无空地的住宅相互接连，在它们之间还穿插着小胡同。对于这里的居民来说，由于家用车的普及，能否确保停车场满足需求已经成了很严重的问题。

这些地域到处都有立体停车场。如果在宽度不到4m的窄胡同边建设立体停车场的话，它前面的胡同周围就会人影稀少，并且整个白天这里都会成为昏暗的空间。立体停车场内也几乎看不见人影。可见，过密的住宅区极有可能会产生危险的空间。

图11是此类空间的典型事例。对孩子们来说，住宅区家用车的普及不仅有发生交通事故的危险，也有受到伤害的危险。

〔图 11〕

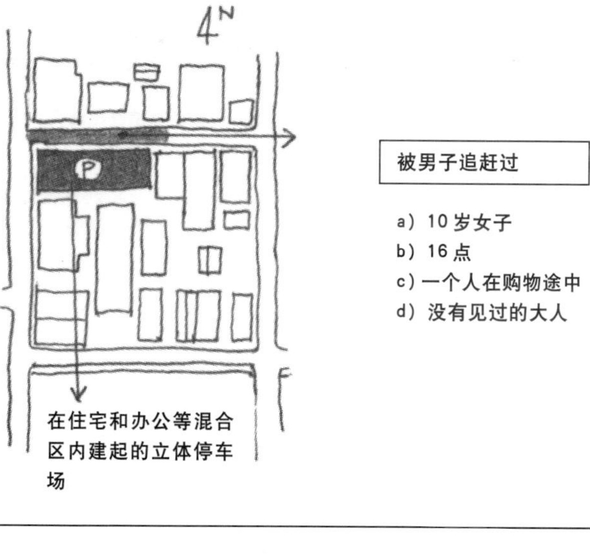

对机动车的迅猛普及感到十分棘手的现有的密集住宅区，不是将解决停车难的问题委托给每个居民，而是要求在地域中统一讨论此事。例如在地域中人来人往的宽阔道路上设置停车场，可以采取除特别许可的车辆以外，其余车辆均不得进入等项措施。这样的地域应该在怎样布局停车场的位置以及怎样使居民合理利用车辆上下工夫。

在住宅密集地建起的立体停车场。狭小的前面道路既黑暗又危险。

9 住宅的三层化

根据建筑基准法的修改，现在是二层的木造建筑也可以三层化了。以此为契机，木造住宅的三层化也呈现出强劲的发展态势。在住宅的密集地，如果一栋住宅变成三层的话，它会以日照等环境条件恶化为由，在周围连锁进行三层化甚至四层化。

木造住宅的三层化是以土地的有效利用和住宅关联产业的振兴为主要目的的一个缓和的手段，不过，二层建筑的木造住宅群变成三层，在不少城市都会成为对孩子们构成危险的空间。

在二层建筑里，一楼设有起居室和厨房等利用性高的空间。这种情况下，与住宅邻接的道路由于和利用性高的空间相连而容易为

〔图 12〕

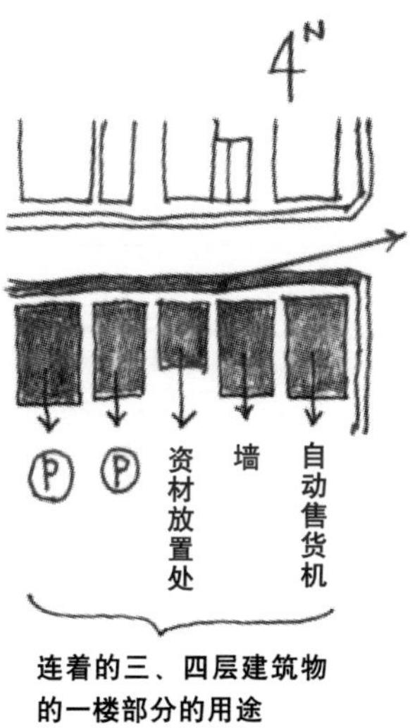

被男子追赶过

a) 10 岁女子
b) 10 月 15 点
c) 一个人在放学时
d) 没有见过的大人

人们所关注。但住宅的三层化使此类住宅和道路的关系发生了很大的变化。伴随着三层化，住宅的一层变成了车库和库房，起居室和厨房等设在二层，以前住宅的一、二层就改设在了二、三层。如此一来，与这个三层住宅邻接的道路实际上就变成了与车库和库房等利用性低的空间相接。在与这样的三层住宅相邻的情况下，道路的危险性也在相应增加。

图12就是其中的一个事例。在充斥着狭窄胡同、拥有印刷所等市镇小工厂的木造住宅密集地,如果住宅的三层化趋势得不到控制，事态会更严重。一楼部分由于噪声等原因将窗户全部关闭，如果狭窄的胡同两侧连接着这种建筑物的话，胡同就会像昏暗的地下道一样，只有从二层才能真正感觉到城市的宽广。图13便是这样的一个事例。

对于建筑物来说，一楼部分具有特别的意义。建筑物是有关城

〔图 13〕

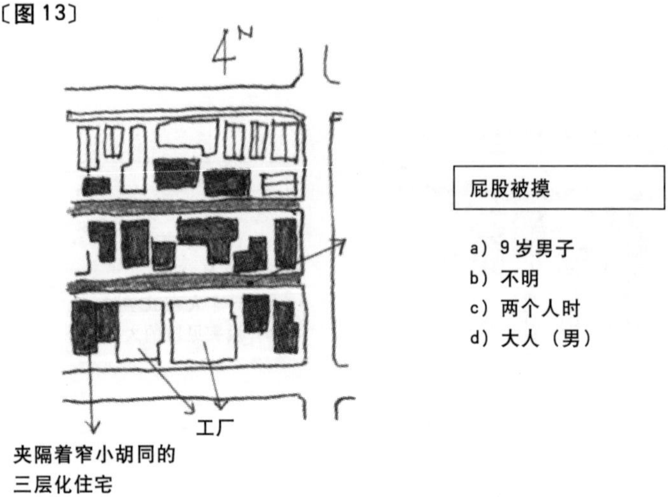

市的切点，建筑物的一楼部分以怎样的形态出现，对整个城市将会产生很大的影响。以孩子为主的人们的生活不只是在建筑物里面进行，而是只有在城市这个宽广的空间中才能展开。建筑物是此类城市中的一个个构成要素，应该作为城市这个成品的零部件。制定城市规划时需要关注作为零部件的一个个的建筑物在作为成品的城市里应该发挥怎样的作用。现在进行的三层化缺乏对在城市规划中具有重要意义的住宅一楼部分的充分讨论。这种情况急需改善。

翻建成三、四层的并排的住宅，其中一层的利用性很低。道路的对面也一样。

在道路的两侧进行着住宅三层化的竞争。显而易见它们都是在以前的基础上翻建为二、三层的。

10 与写字楼邻接的住宅区

尽管工业专用地域会受到一定程度的限制，但大部分情况下住宅的布局是不受限的。市区中心部和干线道路沿线有不少商业大楼和办公大楼等和住宅区混建在一起。这些地域的住宅区因邻接的多用途大楼的建筑形态和利用方法的不同，也会产生非常危险的空间。

在这些地域，每栋建筑物的建设时间和所有者都不一样，大部分是在没有考虑邻接建筑物的情况下建设和利用的，即每栋建筑物只是根据自我用途被建设和利用的。建筑基准法对这样的地域，在建筑物彼此间的用途和形态方面几乎没有做特别的要求。

〔图 14〕

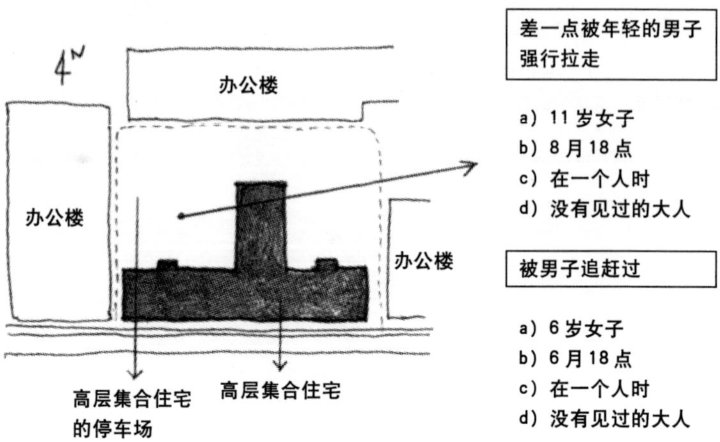

图14就是这样的一个事例。面向干线道路的住宅区周围都是办公大楼。在这个住宅区一楼部分的停车场和各层的道路上，孩子们有遭遇伤害的危险。与这个住宅区邻接的是办公大楼，不过，这栋大楼好像内部有什么秘密似的，许多窗户的百叶帘被拉下。此外，由于书架等办公家具的影响，也有不少窗户是关闭着的。但即使是开放的窗户，也几乎没有人影出现。如此一来，从邻接的建筑物上看，这个建筑物的道路和停车场的共有部分就变成了在视野上完全孤立的存在。

除此以外，还能看到临街外部的几乎没有窗户的商业大楼。根据各种用途建设的中高层大楼就有不少混杂在那样的建筑物中。住宅区也只是被简单地加以建造。在这种情况下，住宅区被从周围的建筑物中孤立出来，有充分的理由认定那里产生了对孩子们构成危害的危险空间。可见，无论在什么地域，孤零零地建造住宅区这样的状况都应加以改善。

停车场和仅有的广场。在这里孩子们容易受到犯罪侵害。

从高层集合住宅上看这个空间。

从高层集合住宅上看邻接的办公楼。

11 由地价上涨造成的空屋、空地

泡沫经济在很大程度上改变了日本的城市。土地成为最佳投机对象，市区各处的建筑物都成为地价提高的对象。泡沫经济终结后，许多地价提高的土地以空屋的形式闲置着，分散在市区的各个地方。孩子们在这样的空间易遭伤害。

例如图15。在住宅密集地互相邻接的住宅间几乎看不到空地。各住宅与邻家墙靠墙相接。在那里不会只是为了通风和给屋子安个天窗就毫无意义地造一个大的开口。在这种地方，住宅的地价被提高。如果这里一旦成为空地的话，它与周围的全部住宅就会变成背向，成为被墙分开的孤立空间。如果在与住宅区的生活道路相接的

〔图15〕

差一点被年轻的男子强行拉走

a）10岁女子
b）10月16点
c）一个人在放学时
d）没有见过的大人

地域里这样的空间到处都有的话，对城市来说是非常危险的。并且在这样的空地暂时变成收费停车场的情况下，为了防止废气和噪声污染在其周围建起的坚硬块墙也会越发加深人们的孤立感。

在住宅密集地，我们可以期待作为原始地的空地能成为修复居住环境的关键。可是，对因地价提高而被闲置的空地将来怎么利用却是个未知数。这使它成了极不稳定的空间。在这样的空间，周围的住宅是不能被敞开的。提高地价的空地已经很清楚地表明它是以建造袖珍公园等方式来改善环境的，周围的住宅一方面朝这个方向积极努力，把握好与袖珍公园等的关系，另一方面也从更大的层面努力寻求与改善住宅相似的城市规划的方向。

由于地价的上升，住宅密集地里这样的空间随处可见。

12 关闭的工厂

在旧手工业居住区的工厂，如果遇到噪声等居住环境问题的干扰且对这些问题有一定对策的话，对于孩子成长的地域环境也有着积极的一面。根据工厂主和许多工作人员也在此地生活的职员住宅接近原则，以此为基础成立的近邻社会（地方自治团体）的儿童的成长环境是非常安全的。

由于泡沫经济的崩溃，旧的手工业居住区的工厂群也随之发生了很大的变化。在这样的地域到处都有被封闭的工厂，不仅听不见工人干活的声音，看不到人影，而且还有不少废材和旧机器闲置在工厂内外。同时，工厂本身的建筑物中有许多便宜的东西。在以铁

〔图 16〕

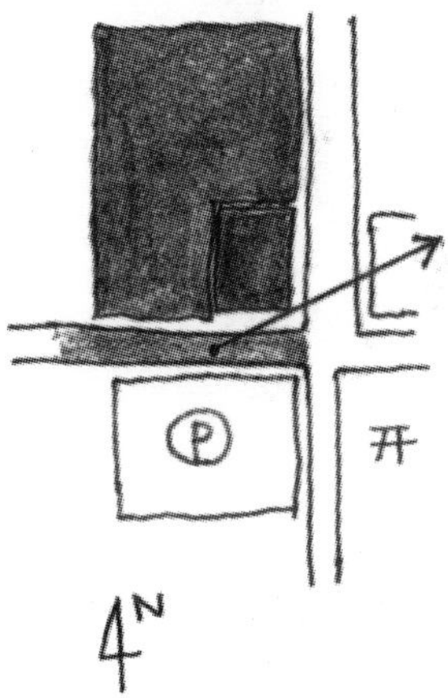

被男子追赶过

a）11 岁男子
b）10 月 16 点
c）三个人在放学时
d）经常见到的大人

骨（框架）和石棉瓦围成墙的工厂里，到处都是损坏的墙壁。这种封闭的工厂由于所有者放弃了管理，经常成为飙车族的聚集地。这样一来，以前供孩子们活动的旧的手工业居住区的工厂群，现在正变成对孩子们构成极大危险的地域。图16就是其中的一个实例。在这个已经封闭的工厂里开辟出一块用地作为临时停车场，它与对面停车场间隔的道路空间是个犯罪危险很高的空间。

关闭的街道工厂事务所。

13 重建的住宅区

在作为接纳支撑经济高度发展的大城市的新劳动者的设施而建的住宅区里，正在计划和实施着各种翻建工程。在这样的住宅区，居住者占多数，他们的居住历史都很长，呈现出高龄化的趋势，而且居住者之间生活条件的差距也在不断扩大。因此，相继产生了由于翻建工程造成的各种生活问题，将全体居住者的意见完全统一起来是件很不容易的事。

从计划开始到完成工程，需要很长时间。在这种情况下，计划（工程）实施方不征求全体居住者的同意，只根据个别居住者的意见让住户搬迁的事也有不少。那样就会在住宅区各处出现零零散散的

住宅区到处都会出现空房。

空房，使居住者以对将来的不安和环境的退化为由相继迁出。如果这种状态持续一段时间的话，对于仍留在这里的孩子们来说，这个住宅区将变得非常危险。

图17是其中的一个事例。在这里能看到住宅区自治会写的“为大家能够持续在某某住宅区居住而奋斗到底”之类的招牌。另一方面，在住宅区的某些地方存在着相当多的空房。在这个住宅区的公园里，孩子们处于许多危险之中。这个公园的周围也存在着无人居住的空房。

没有征求全体居住者的同意，只通过同个别居住者的协商进行的住宅区的翻建，对余留住户的孩子们来说，由于此地域会变成非常危险的空间，应该有必要对其翻建方法进行改善。

即使已经在进行大规模翻建的住宅区，也有必要对恶化的环境采取相应的对策。由于已经无法避开到处存在空房这一现实，翻建

〔图 17〕

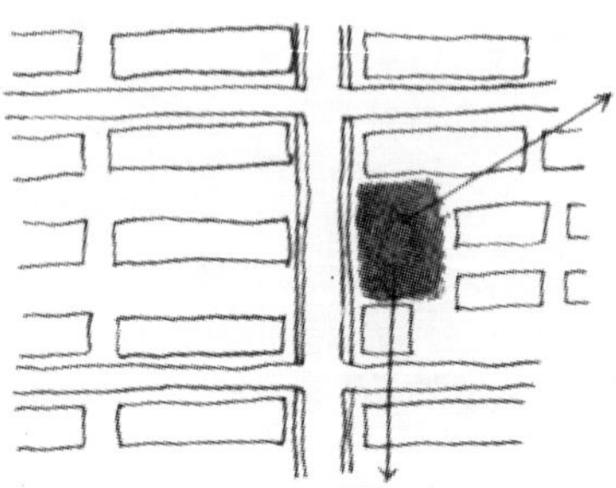

住宅区内翻建的广场

胸部被摸

a）12岁女子
b）2月16点
c）一个人在放学时
d）偶尔见过的大人（男）

被拦住调戏

a）10岁女子
b）12月19点
c）两个人在玩耍时
d）没有见过的大人（男）

被男子露出性器官且追赶过

a）12岁女子
b）12月16点
c）三个人在玩耍时
d）经常见到的大人

被男子抱住

a）7岁女子
b）1月17点
c）两个人在玩耍时
d）没有见过的高中生

方有必要在住宅区内配置环境监视设备以及在公园等孩子们经常聚集的地方安排指导员（不是执勤人员，而是在远处能够为游玩的孩子们提供保护，以防止犯罪发生的人员）。

鉴于孩子们不断增大的受害危险程度，住宅区的余留住户也有必要采取对应环境变化的新对策。以保护孩子免受伤害为目的的居住者为了强化地域活动，需要对会员减少的镇议会（自治会）的班组织的再次编成进行探讨。如果会员的减少对这样的居住者组织的活动产生弱化影响的话，孩子们会面临着更大的危险，居住者自己也需要强化这一点，强化这一保护孩子免受伤害的活动。

也有的人想继续住在住宅区。

14 旧城改造

在重新开发市区内分散的工厂原址和过密住宅区等方面，从施工开始到完成也需要相当长的时间。例如，市区内的工厂停止生产后不一定就会有新买主，也有不少是长年累月闲置下来的。只要新的开发商一出现，就立即将工厂的旧建筑物拆除、马上建造新的建筑物这样的事例是极少的。实际上需要花费很长时间才能建成新的商业设施和住宅区。

这期间，为了防止外人的擅自侵入以及防止发生火灾和失盗现象，特意把周边用又高又坚固，并且无法看到内部的垣墙包围起来。如果被封闭的空间是很大的工厂原址，或者是拥有很大面积的过密

〔图 18〕

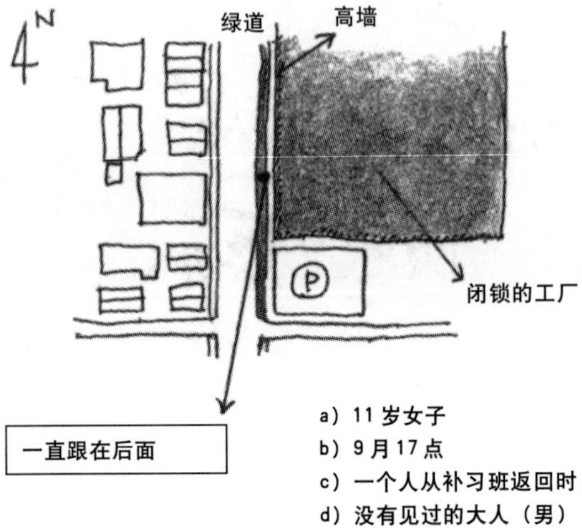

住宅区，在地域中会出现非常危险的空间。

在市区地价上涨和此后泡沫经济的崩溃，以及长期经济不景气的过程中，市区的重新开发和改造事业的长期化趋势更加明显。

图18就是那样的一个空间。市区内的大工厂被撤走，在那里计划建设大规模的店铺。不过，施工却迟迟不能进展。不仅如此，周围还用超过2m的不透明的嵌板包围起来。

在无法避开该项事业被长期搁置的情况下，不能把这种危险空间的出现当作短期或暂时的现象。根据场合的不同，应该预想到这样的空间会持续10年以上，因此有必要讨论这期间的管理和利用问题。应该研究把用地内的开阔部分作为中心，暂时让地域的居民利用。还需要大规模改善既高又看不见内部的垣墙。所以，一方面加强执勤人员等的管理，一方面改变垣墙的形状是相当重要的。

还有一点，作为有关今后城市建设的基本问题，每次在建筑物的用途被变更时，就有必要重新考虑撤去旧的建筑物、建设新的建筑物这样的废旧建新方法（这样被清理出的建筑废材由于占据了全产业废弃物的一半而成为很大的环境问题）。建筑物的用途发生变更时，一方面对建筑物的本体再有效地加以利用，一方面参考通过内部改造产生新空间这一欧洲城市的建设方法也是很有必要的。外表是工厂，但内部有购物中心等设施也是可以的。泡沫经济的崩溃也使那样的城市规划成为可能，在这样的环境里，即使简单明了的城市规划也能起到保护和培育该地域的孩子们的作用。

用地被垣墙围着，却始终不开始施工。

内部被又高又坚硬的垣墙围着。

为了不使人随便进入用地内，修建了 3m 多高的垣墙。

第三章 “电车站附近”的危险空间

15　电车站附近的楼街

车站周边是地域人们最集中的地方。由于经常被人注视，这里让人觉得是个不容易发生犯罪的地方。可实际情况并非如此，车站周边也是犯罪的多发地带，罪犯在犯罪之后很快能混进人群集中的地方。

这样的车站周围对孩子们来说也是一个危险的空间。特别是在写字楼和商业大楼林立的大车站周围，孩子们在夜间易受到伤害。在车站周边，白天看见的有时并不只是孩子们生活的场景。但从傍晚到晚上，可以看到许多往返于私塾的孩子，这些孩子处于危险的环境之中。周边的楼群到了夜晚都放下自动铁拉门，人影渐稀。有

〔图 19〕

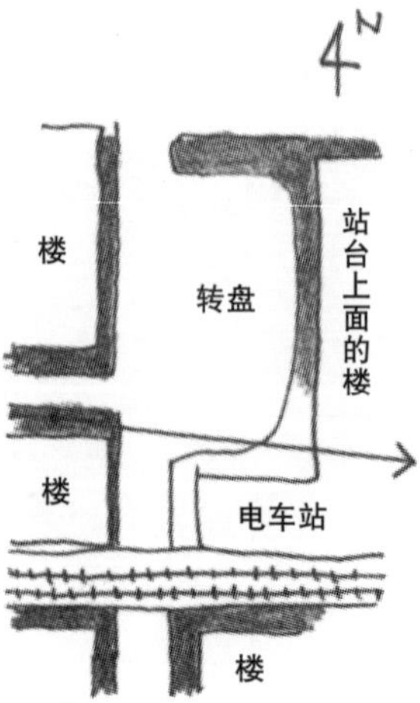

差一点被喝醉的人抚摸

a）11 岁女子
b）9 月 21 点
c）两个人从补习班返回时
d）没有见过的大人（男）

时候，马路上散乱放置的自行车还遮挡着人们的视线。这样，白天人来人往的空间就变成了让孩子和大人都感到易于遇到伤害的危险空间。

在车站后面也有不少邻接闹市街的地方，但背向闹市街的车站周围的写字楼街却更加深了儿童受害的危险。图 19 便是其中的一例。

由于车站周边的大楼群在夜间骤然变成非常危险的空间，客观上要求人们能积极寻求对策。不要只简单考虑大楼的一楼部分，要尽可能地进行明亮的设计。为了保护夜间的步行者免受伤害，应该研究在特定马路的一楼部分集中安排夜间营业商店等对策。车站周围的办公大楼由于夜间无人空间的增大而产生的危险空间，在很大程度上威胁着孩子们的安全。

车站周围的楼群。在夜间成为危险的空间。

16 电车站的站台

对孩子们来说，车站的站台是犯罪多发的空间，因为从傍晚到夜间有许多孩子往返于私塾。可以说，夜晚的车站站台是以色情犯罪为主的、孩子们受害危险度非常高的空间。

图20就是这样的一个事例。孩子们被挑逗，身体的某些部位被触摸。在这里可以清楚地看到夜晚9点左右车站站台的危险情况。

应该怎样在这样的空间里保护好孩子呢？其实，与空间相比，把孩子的生活方式作为问题来研究显得更加重要。

在我国，孩子们升到小学高年级，参加各种私塾是理所应当的潮流。不过，现在普遍认为发达国家不存在学习私塾。发达国家学

〔图20〕

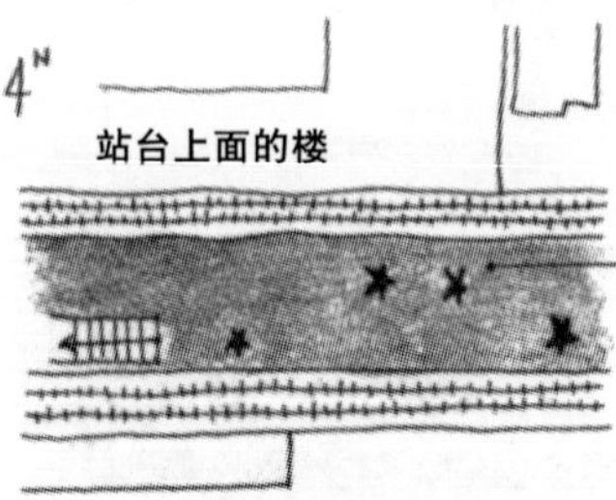

夜晚危险的站台
★是发生犯罪的场所

28岁左右的男子说令人作呕的话

a）11岁女子
b）10月22点
c）一个人从补习班返回时
d）没有见过的大人

屁股被摸

a）11岁女子
b）10月22点
c）两个人从补习班返回时
d）没有见过的大人（男）

屁股被摸

a）10岁女子
b）8月20点
c）三个人从业余班返回时
d）不明

被调戏

a）10岁女子
b）7月21点
c）一个人从补习班返回时
d）没有见过的大人（男）

校的一个（班）级在20人左右。普遍以学校学习为中心、以家庭补习为辅助。孩子们下课后，在小区里与朋友一起进行体育活动和游玩。在这里，保障孩子们“学习的权利”和“玩的权利”这一基本模式自始至终地得到贯彻。

在我国，还没有确立这样一个教育的基本模式。基本上是学校的一个（班）级为40人。不能理解授课内容的孩子在小学的高年级接近半数，升为初中生以后则占据过半（据1998年文部省调查）。一般认为，私塾热是发展中国家中产阶级孩子们特有的现象。在不成才就无法保障生活稳定的国家，孩子们疲于应付苛刻的应试竞赛。而在能保障基本生活，认可多种多样生活方式的发达国家里，孩子们就不会为学习而如此疲于奔命。

把孩子们从私塾学习中解脱出来是个紧迫的课题，为此，需要大幅度改善学校的教育环境。不保障一个班级20人左右是不行的。为了使孩子们都能理解授课，应重新考虑授课内容和确保以提高教师资质为目的的进修时间和场所。这样一来，孩子们下课后就可以去他们真正想去的地方。在夜晚的站台和车站周边容易遇到伤害的往返于私塾的孩子们不正好应该得到这样的教育吗？

夜晚的车站站台对从补习班返回的孩子们来说也是危险的。

夜晚，在交通高峰时往返于补习班的孩子们。

17 地铁站的周围

地铁站的周围和站台存在着如前项所述的与地面电车站一样的问题。在大城市，公共交通网的配备是以地铁为中心的，主要是沿着没有土地收购费的干线道路和水道建设的，是以1km左右的间隔进行的站点建设。这样一来，不论周围是什么住宅，也不论在什么地点，都可以在地下建设地铁车站。

地铁站建成以后，周围的土地利用也随之发生变化。由于从居住区到商业区的大幅变化，建筑物也日趋变得高层化。由于土地利用发生了这样的变化，车站周围的危险度也在增加。

图21是其中的一个事例。这里，住宅成为“扒金宫”店，它的隔壁却成了自行车停车场。这些都是源于地铁站的出现而产生的土

到了夜晚地铁站周围也很危险。

地铁站旁是自行车停车场。它的旁边一楼是“扒金宫”店，二楼是小酒馆。

地利用上的变化，增加了孩子们受害的危险度。这样的事例在地铁站的许多地方都可以看到。在住宅区建设地铁站的时候，应该把这样的土地利用变化作为前提，至于地铁站出入口周围的建筑物，则需要从用途和构造等方面来防止犯罪。

比起地铁站，公共汽车站更安全。这是地铁和公共汽车的不同特征所决定的。因为公共汽车车站的占地只是地铁站的1/3。与非特定流动人口大量聚集的地铁站不同，公共汽车站是近处人们汇集的地方。公共汽车站还是近邻的地方自治团体的场所，充当着保护地域孩子们的角色。将公共汽车

〔图 21〕

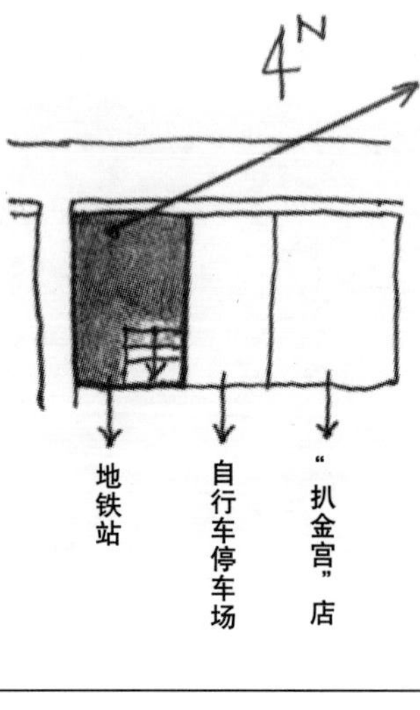

被学生追赶

a）10 岁女子
b）17 点
c）一个人去补习班途中
d）没有见过的高中生

被男子追赶

a）12 岁女子
b）12 月 21 点
c）一个人从补习班返回时
d）没有见过的大人

站作为更加美丽和快乐的空间，在防止地域犯罪方面也有着一定的意义。

地铁和公共汽车就具有这样的不同特征。撤去公共汽车线路以推进地铁网的建设，关于两者特征的差异不能说已经为人们所充分关注。公共汽车站是通过集中在那里的人们（在地区居住或工作的人们）来对孩子们施加保护的空间，有不少地铁站是通过利用者更多地广域化，使周边的土地利用也随之发生变化，最终变成了对孩子们构成危险的空间。因此，在考虑今后的城市交通网的配备时，也有必要进行这种视角的讨论。

公交车站是安全的。这个公交车站的前面有个小型公园，不过那里没有发生过犯罪。

18 商店街周围的胡同

关于在商店街里受害的危险因素增大一事，前文已有所述。其实，商店街周围的胡同也是非常危险的。这种空间发生了许多抢劫金钱和贵重物品的犯罪。对带有金钱和贵重物品的孩子实施的犯罪也不在少数。直接连结商店街的胡同也特别危险。因为商店街里的孩子可以很轻易地被犯罪分子骗走。

图22就是个典型例子。这里的受害者是小学生，不过应该关注的是，大多数加害者是中、高中生，小学生是 被中、高中生威吓并被抢走金钱和贵重物品的。

当然，也不能说商店街周围的胡同全都是危险的。与商店街直

〔图 22〕

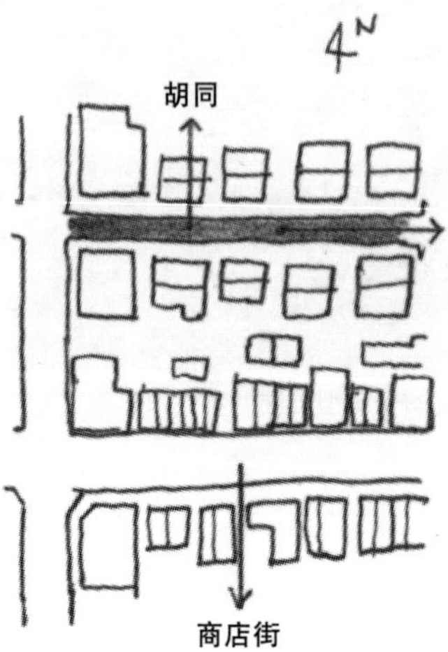

被中学生打

a）9岁男子
b）6月11点
c）三个人玩耍时
d）偶尔见过的中学生

被男子邀请去商店

a）11岁男子
b）1月18点
c）玩耍时
d）没有见过的大人

接连结的胡同里是看不到犯罪发生的。作为区分这种胡同危险和安全的重要因素，应提高胡同两侧建筑物的利用和管理水平。两侧建筑物是开放的、具有“生活气息”的胡同是没有犯罪发生的，而相对封闭的胡同则易于发生犯罪。

在区域规划整理地区的商店街周围可以看到大量的这种危险的胡同空间。同时，泡沫经济的失败在商店街周围的胡同里也增加了特殊的危险因素。在商店街的背后，地价被提高，胡同两侧的建筑物成为破房或资材放置处，暂时定为停车场的例子也不鲜见。这样一来，这个胡同就变成了极为危险的空间。

道路与两侧的建筑物相互影响相互依存。道路，根据它的特征，既能完成连结两侧建筑物的作用，也能完成隔离的作用。修建什么样的道路，应该根据它同建筑物的关系慎重地加以研究。在商店街周围的胡同连结的两侧建筑物里，能使人感觉到“生活气息”和“安全空间”。从这个角度出发，对泡沫期提高地价且没有被合理利用的土地的再利用，应该在调整各自土地的基础上做进一步研究，期盼着这些土地能得到更加有效的利用。

一条商店街内侧的道路。井井有条的住宅街，在这里孩子们遇到过被拐骗的犯罪案件。

与商店街交叉的胡同，在这里孩子们的物品被抢。

胡同的两侧既是商品放置处，又是地价上升的空地。在这里有一个9岁的女孩子差一点儿被人拐走。

19 与商店街邻接的公园

与商店街接近的公园很特殊。与其他地区的公园相比，儿童受害的危险度极高。虽然各种各样的人在这里汇集，但对孩子们来说，它并不是安全的公园。特别是，如果变为近邻公园等规模大的公园的话，它会成为相当危险的公园。

图23就是那样的一个公园。这个公园从白天起就有人喝酒，公园一角也有人在销售物品，到处散落着垃圾。不管怎样，它有各种各样的利用者，人数较多是它的特征。但即使人数众多，这些人彼此之间也并没有什么关系；虽然娱乐设施和植被都很丰富，但公园里仍有人迹罕至的空间。

从白天开始就有人在公园喝酒。公园里成了孩子们不能靠近的空间。

把接近商店街、规模大、有大量利用者的各种各样的公园改建成危险性小的安全公园是件相当不容易的事。另外，是否需要在这样的地方建设大的公园也值得研究。将现有公园的安全性提高的第一个要点是：提高日常利用公园的人们（主要是在区域里生活的人们）对于公园的主动作用。为了满足这些人的要求，应该改善公园设施和利用、管理公园的方法。

在这种情况下，担负特别重任的是商店街的人们。这个公园成为什么样的公园在很大程度上影响着商店街的形象。这个公园的特征也随着商店街的存在而变化。在使商店街的人们致力于这个公园的利用和管理的同时，重要的是应承担起确保安全的责任。有必要通过举办商店街的日常性集市来保持其作为接近商店街的公园的特征。公园并不需要千篇一律，只要能充分反映那个地域的特征就可以了。商店街的公园需要有适合其个性的面貌，这才是它在地域中

〔图 23〕

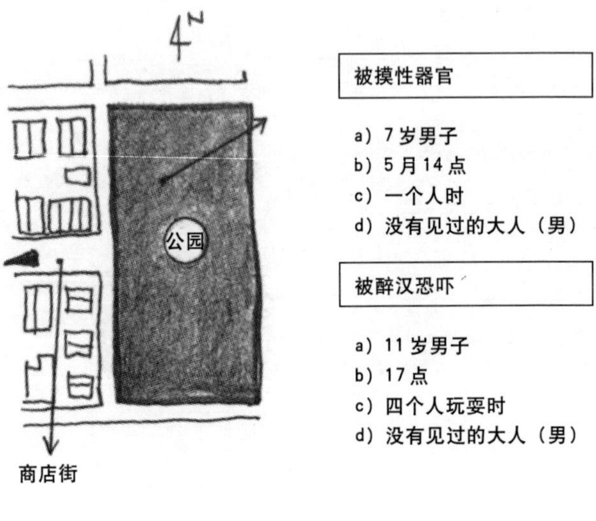

存在的理由。

可是，这样的公园仅仅依靠居民的力量来充分确保它的安全性也有困难的一面。政府机关也需要投入建设力量，不仅需要改善此后的管理营运不足这一弱点，还要一方面讨论自愿参加者的参与计划，一方面寻求充实公园管理公共支援的策略。

露天市场有许多孩子，不容易发生犯罪。

第四章 “住宅区”的危险空间

20 住宅区北侧的公园

位于住宅区北侧（也称为住宅区的反侧。一般各家各户的起居室都面朝南，北侧为道路）的公园和广场，是孩子们易遇伤害且危险性极高的空间。在这样的公园和广场，可以肯定地说针对孩子们的伤害行为会时有发生。而位于住宅区南侧（面向各家各户的起居室一侧）的公园和广场，对孩子们来说则是一个非常安全的地方。

如果试着站在现场便会一目了然。从住宅区北侧的公园和广场看到的楼栋简直像巨大的钢筋混凝土面板一样，基本上感受不到住在那里的人们注视的目光。而南侧的公园和广场则在根本不需要来自各家各户目光关注的情况下也会使人产生一种安全感。

正在玩耍的天真无邪的孩子们。在集合住宅区北侧的公园是危险的。

楼栋北侧设立的小公园和广场，在楼栋的南侧几乎看不见。楼栋的北侧由于日照的关系出现了不能建造建筑物的空间。人们利用这样的空间建造了公园和广场。那里不是说有适宜建造公园和广场的土地，而是由于不能建造建筑物才作为公园和广场的。这样的住宅区会增加孩子们遇到伤害的危险性。

图 24 就是那样的一个公园。从公园只能看见楼栋的道路。即使在北侧没有道路的楼栋里，各户北侧房间白天的利用率也很低，此外，住户的构造也不是开放的。

公园和广场不是楼栋的附加。需要对在北侧建造公园引发的犯罪问题进行研究。在今后的城市里，避免犯罪将成为一个大课题。应该说，认为“安全性高”在决定住宅区的价值方面起着十分重要的作用。一般认为，在南侧设有公园和广场的住宅区的价值将会被重新评估，其投资也易于收回。

〔图 24〕

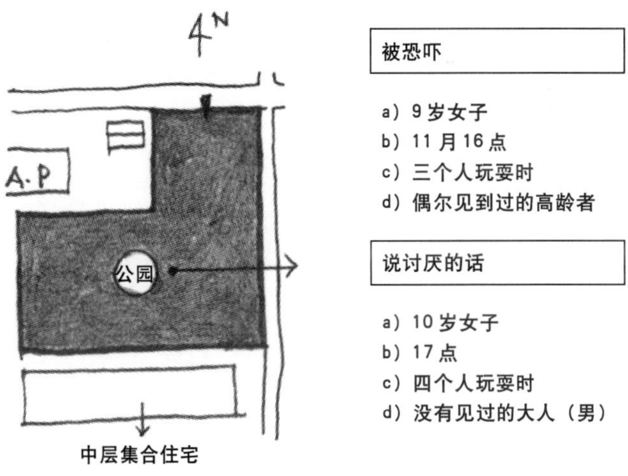

可是，在北侧附设公园和广场的住宅区的居民现在已不占少数。这样的住宅正在寻求着改良策略。研究全体开放空间的利用计划，需要采取像居民的活动视线尽可能与那个空间相交一样的办法。例如，建造像邻接公园和广场的集会所一样的多功能建筑物以供地域居民日常性聚集使用，以及寻求孩子们能放心脱离大人的看护，尽情在公园游玩的方法。

从公园侧面看不到集合住宅里的人影。

这个公园在公寓的南面，不过由于阳台很深，无法判断里面是否有人。

21 住宅区山墙侧的公园

设置在住宅区山墙面的公园和广场对孩子来说也是危险的空间。这里与前面所说的北侧公园和广场一样，是居住者的视线注意不到的地方。设置在楼栋北侧的公园，大部分是所说的楼栋数为1～2个的小规模住宅区。如果楼栋数多，在公园的北侧和南侧都能建设的话，就肯定会存在从起居室便可将公园纳入视野的楼栋。

然而，设置在山墙面的公园和广场的楼栋数不只是1～2个，还可以看到规模更大的住宅区。考虑到与日照的关系，没有必要一定要在山墙面设置公园和广场。这种设置大多数是对设计者的设计加以优先考虑的。如果设计者是从确保安全这一角度考虑的话，就应

〔图 25〕

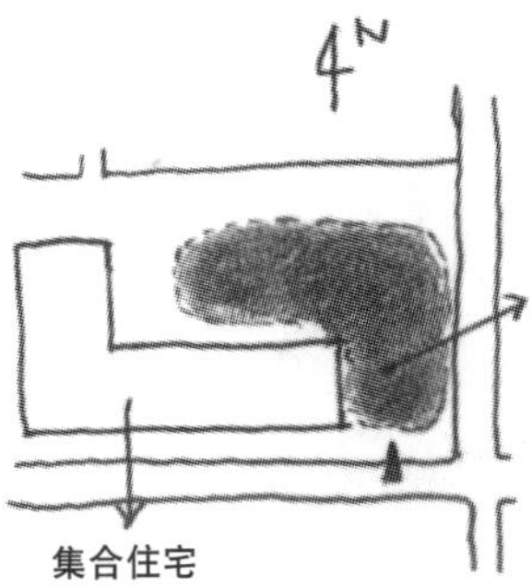

在山墙侧面的入口周围和北侧的小广场发生了犯罪

把手放入裙子里

a）8 岁女子
b）11 月 15 点
c）两个人玩耍时
d）没有见过的大人（男）

身体被男子抚摸

a）8 岁女子
b）9 月 15 点
c）四个人玩耍时
d）没有见过的大人

该避开这种设置。

图25、26、27是这种设置的典型事例。图26是所有的与这个公园邻接的五个楼栋的山墙都面向该公园。也就是说，这个公园在与五个楼栋邻接的同时，被设置在不能进入任何一个楼栋居住者的视线这一位置上。如果公园和楼栋被一体性规划，人们就会减少对于防止犯罪的关注。如果是先建公园后建楼栋的话，楼栋的配置也需要同时考虑跟公园的位置关系。

集合住宅山墙侧面危险的空间。

〔图 26〕

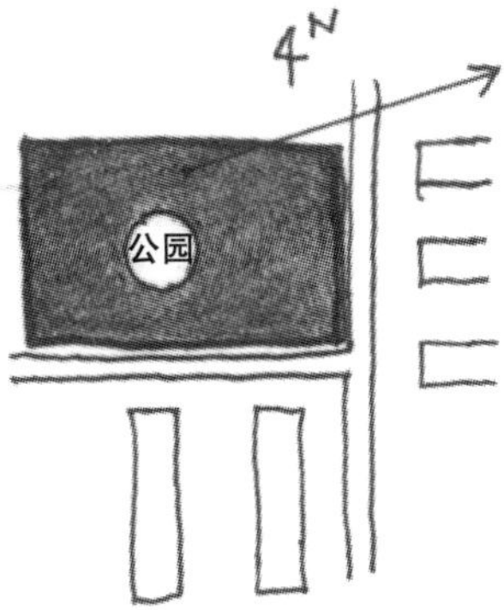

为什么要这样配置呢。
所有楼栋的山墙都面向公园

被男子恐吓和追赶

a）10 岁男子
b）7 月 14 点
c）一个人玩耍时
d）没有见过的大人

被男子追赶

a）11 岁男子
b）7 月 16 点
c）两个人玩耍时
d）没有见过的大人

公园附近所有楼栋的山墙都面向公园。

〔图 27〕

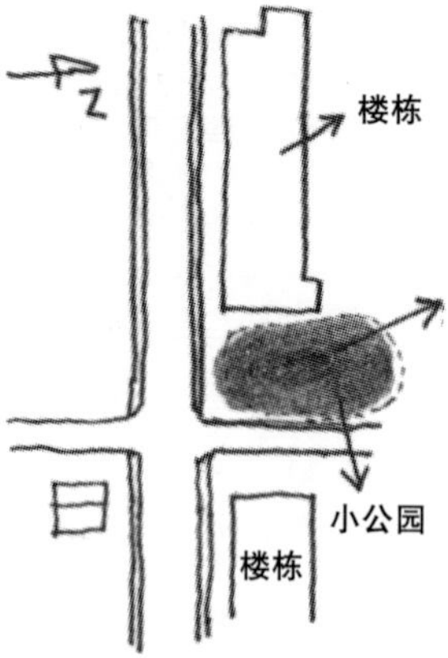

差一点被男子抚摸身体

a）9 岁女子
b）不明
c）三个人时
d）偶尔见到过的大人

在左右楼栋的山墙与山墙之间建造的公园，这里比较危险。

22 高层住宅的进出口附近

从高层集合住宅的出入口到电梯口一带，是人群汇集的空间，但对孩子们来说也是一个危险的空间。这个空间是人们移动的活动空间，不是逗留空间，因此也是人们汇集后流动间断比较多的空间。在这样的流动间断里，孩子们极易遭遇伤害。

这个空间除了有人的流动间断这样的问题以外，还有不少空间的构造和管理问题。在像高层住宅区一样的高层建筑物里，正下方的空间是楼上的居住者看不清楚的空间，对高层居住者来说，它完全变成了死角。因此，高层住宅区出入口两侧设施的配置是非常重要的，需要有能确保出入口周边安全的配置，虽然无人化管理事务

出入口附近的人影稀少。

所和邮政信箱也配置了不少，但为了节电和节约管理费，大部分从白天开始就成了昏暗的空间。

图28就是这样的典型例子。这里曾发生过几起针对女子的色情犯罪。为了防止落物，在出入口上部设计的突出构造物里，完全感受不到来自楼房上层居住者的目光。从出入口到电梯口的空间设置着邮政信箱，只是偶尔能看到人影，这样就自然而然出现了非常寂静的空间。

高层住宅区只是数百人生活的一个区域，也可以认为它是一个城镇。本来出入口应该是防御犯罪的空间。为了发挥自身优点，有必要提高出入口两侧的利用性，配置有人的管理事务所，建造适合居住者的集会与休息设施。为了从这些设施更好地观察出入口附近，需要有明亮开放的空间构造。

在街道的出入口建造为了身体健康而享受娱乐活动的老年人集

〔图28〕

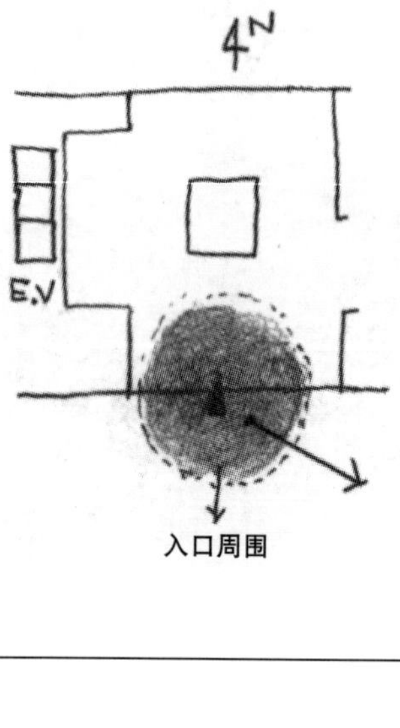

差一点遇害

a）9岁女子
b）8月17点
c）两个人时
d）偶尔见到过的高中生

屁股被摸

a）10岁女子
b）17点
c）一个人时
d）没有见过的大人（男）

会的场所、享受料理和文化讲座的女士们集会的场所、管理事务所工作人员目光注视的场所，这样的场所对孩子来说才是快乐和安全的场所。应培育居住者“我们的城市又回来了”的意识，使非居住者产生“无事很难进入”的感觉。只有这样，高层住宅区的安全性才能大幅度地提高。

在出入口附近为了防止落物伸出了很长的房檐，对上层的住户形成了一个死角。

出入口的深处很昏暗，邮箱也是随意设置的。

23 电梯

电梯内部是受害程度很高的空间，这也是被很多国内外的事例所验证的。特别是因为民营的高层住宅区缩小了共有空间，造成乘降电梯的空间狭窄，必然存在着防止犯罪的问题。

图29就是这样的一个事例。这里曾发生过几件色情犯罪。这个空间的顶棚很低，加上三个方向都配置着库房和机械室等，是个非常令人没有安全感的空间。因门上的信筒里积存着大量的邮件和传单，在某些地方能让人产生一种居住者不在的感觉。如果变成这种情况，这个空间的危险性就会增大。

在电梯门的透明化、监视照相机的设置等方面，目前已经有所

〔图29〕

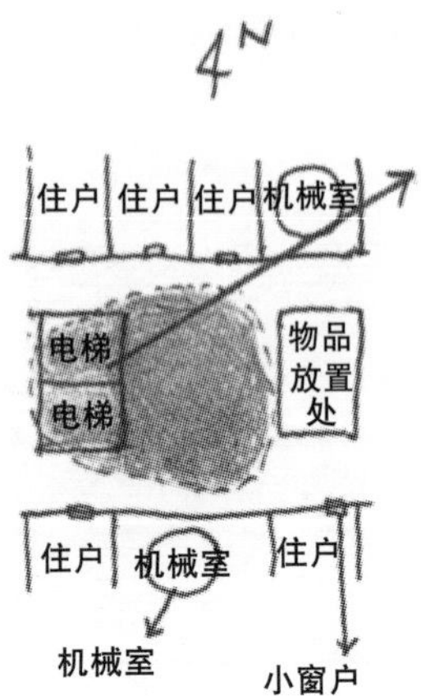

裤头差一点被扒

a）11岁女子
b）10月16点
c）一个人放学时
d）没有见过的高中生

两个人在9楼下电梯，另外一个人一直被拉到11楼

a）10岁女子
b）16点
c）三个人时
d）没有见过的大人（男）

改善，但还是有必要更好地改善电梯升降口周围的视线。正如前项讨论过的一样，最重要的是提高高层住宅区出入口附近的利用性和明确建筑物整体的领域性。在出入口处抵御罪犯的侵入是非常有必要的。

在面向电梯间的一侧，排列着机械室和门带有开口邮箱的住户。

24 高层住宅的一层

一楼部分存在危险的高层住宅区正在增多。特别是由数栋集聚形成的大规模住宅区的一楼部分更成为犯罪多发的危险空间。当一个建筑物里有许多人集合居住时，建筑物周围就会变成高密度的居住空间。这种建筑物的一楼部分由于容易被外边的视线所注视，很难确保个人的隐私，因而被敬而远之。在这种背景下，高层住宅区的一楼部分一般都不配置住户，而是另做他用。并且住宅区的规模越大，这种倾向就越明显。

这种高层住宅的一楼部分除了用于入口和道路以外，还有其他各种用途。不过，也有不少不仅利用性低，而且管理也极不完善。在

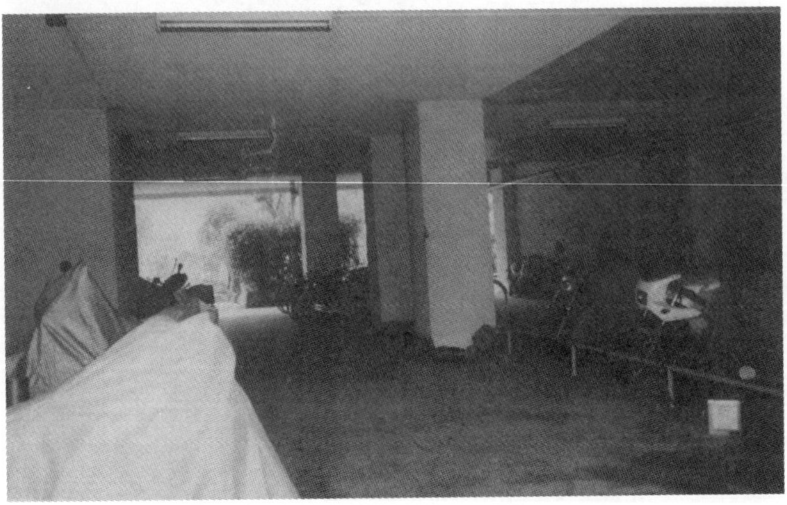

一楼的通道从白天开始就发暗，为了节电关闭了照明。

住宅区自治会的“禁止停放自行车”的告示前和自行车停车场内也都杂乱无章地停放着自行车，垃圾集积场也是如此。在这样的空间和道路，随处涂鸦的情况也不少。

现代空间的高层住宅的一楼部分是个存在很大问题的空间，同时一楼部分也引入了一些商业设施。不过，住宅区的规模越大，通过商圈的广域化，对在住宅区生活的孩子们来说，就越会有新的受害的危险性。

图30就是一个典型事例。这个高层住宅区群的一楼部分除了道路和入口以外，还设置了机械室、垃圾收集场和商店。在这个高层住宅区里，不管是身处哪栋楼的一楼部分，孩子们都容易受到犯罪的侵害。一楼部分从白天开始就显得很暗，成为这个地区的问题空间。如果孩子们游玩的空间也被做成这样的话，那么今后环顾四周，我们将无法再看到孩子们游玩的身影了。

〔图 30〕

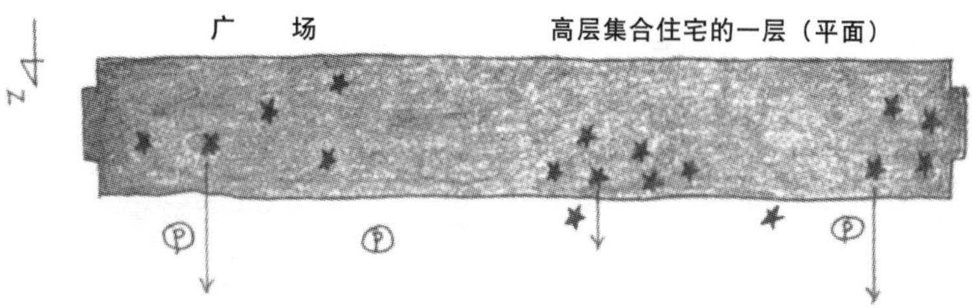

将裤子拉下屁股被看见	用棒捅脸	被男子追赶
a）8岁女子	a）9岁女子	a）7岁女子
b）7月16点	b）9月17点	b）16点
c）一个人从补习班返回时	c）四个人玩耍时	c）一个人去补习班时
d）没有见过的中学生	d）没有见过的大人（男）	d）没有见过的大人

★发生犯罪的场所

建筑物的一楼部分对于在当地生活的孩子们再认识这个空间具有极为重要的意义，它是关注户外游玩的孩子们的重要空间。在“宫崎事件”和“神户北须磨事件”的现场住宅区，一楼部分采用了利用率低的居住形式。如果从住宅区（住宅）经营的角度看，即使是一楼部分不安排住户，也有益于其他必要设施的利用，从日常生活利用率的提高和确保孩子们日常生活安全这个角度看，也需要在设计时多斟酌。即使在一楼部分不适合安排住户，也要确保为人们提供日常集会的设施和文化、体育设施等，从而提高当地居民的利用率。也可以根据实际需要配置这些设施以提高地区利用性，使住宅区能成为真正为孩子们提供安全保障的地方。

高层住宅区有许多人居住，这样的居住形式也有问题。在住宅区，各个住户由迁入者个人管理，公园等大的公共公益设施由住宅区供给主体的负责人管理。不过，住宅区内的道路和入口、自行车停车场和垃圾站、楼栋脚下的空地等则有一半是被个人利用的公共性空间，可以认为是中间空间。无论是迁入者个人还是供给主体，都

道路旁到处都有乱写的字。

一层有垃圾收集所，到处散落着垃圾。

无法对这样的空间充分负责。可正是那样的中间空间左右着住宅区的利用性，对安全性也带来了很大的影响。在中间空间的营运管理上，主要以居住者的自治组织（居民委员会）的活动为主。自治组织充分反映了居住者的民意，真实可信。中间空间由居民自己定制度并遵守。

可是,自治组织的营运和那个空间的管理能力毕竟具有局限性。比如自行车停车场的情况,“1、2、3号是A家的自行车停车场”,“4、5号是B家的自行车停车场”，所有权是共有、使用权为个人负责不失为一种有效的利用方法。自治组织的基本单位以10户左右最为恰当，利用一个出入口的家庭就在10户左右。以此作为基本单位，如同管理中间空间一样的住宅区规划应该是有效的。

像高层住宅区一样，把数百人作为服务对象的自行车停车场和垃圾站等中间空间远远超过了改造居住者自治组织的管理能力。这样的高层住宅区由于中间空间的管理极为不完善，孩子们随时都有受伤害的危险。

地域商业区里的商店。

道路边散乱停放的自行车。

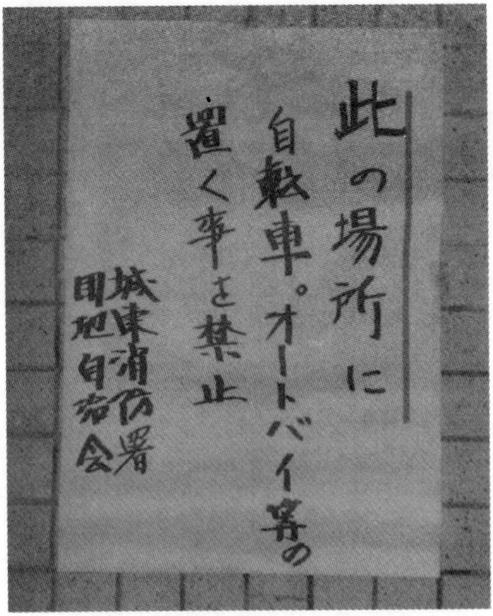

在道路旁贴着这样的纸，不过……。

25 高层住宅的院落

虽然最近已不太常见，但仍存在着四周被建筑物包围的带中庭的高层住宅区。这样的内院被改造成自行车停车场，它是一个容易发生犯罪的空间。人们置身于这样的空间里，感受不到太阳的光射和居住者的目光，就像在地窖里一样。

图31就是这样的一个空间。这个内院已经被改造成带屋顶的自行车停车场，不过，在这里也容易发生犯罪。包围内院的建筑物的一楼部分或是机械室，或是幼儿园的无窗的墙，除了里院的出入口，完全看不到人影。由于被防止落物的构造物和道路遮住，从上层也感受不到居住者的视线，加上自行车停车场的屋顶完全将视线遮断，

〔图31〕

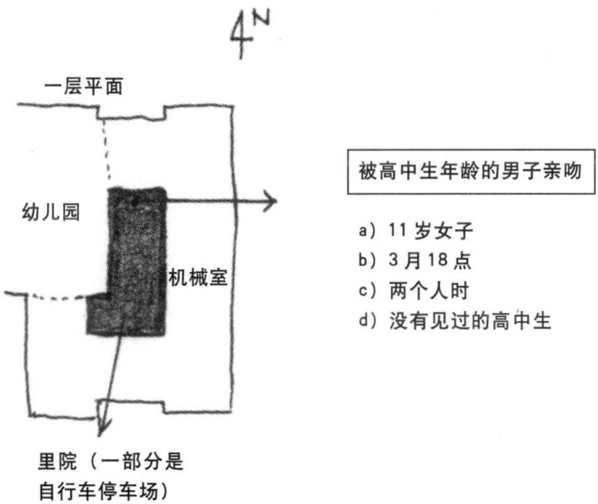

且照不到阳光，使它成了一个令人不安的空间。

不完整的内院与其说提高了高层住宅区的利用性，不如说反而使之恶化。今后将不能不避开这样的建筑形态，对已有的东西也需要进行一定的改造。依据所说的增加照明的办法，对一楼部分附带内院的建筑空间也应该进行有效利用方面的研究。

从上层的道路看里院好像是黑暗的空穴。

26 住宅区的绿化

在住宅区，绿化是不可缺少的。在人工的环境中，四季的变化让我们感受到自然的存在，同时也给孩子们提供了良好的游戏空间。可是，这里也存在着孩子受到伤害的危险。如果植被太高，挡住孩子们的话，就会出现死角。

图32就是这样的一个事例。这个住宅区里，楼间绿化被充分地讨论和配置，它是犯罪率低的住宅区之一，我们只选择其中的一处危险空间构成作为事例。这个绿地广场位于建筑的南侧，本来应是该楼居住者的目光经常惠顾的安全空间，然而，在该楼和绿地间却实施了“绿色之墙”的栽植。由于这里种植着大量的灌木、小乔木

树木为公共住宅增添了湿润度。

和乔木，所以很难从楼栋看到在绿地游玩的孩子们。

对住宅区来说，绿色十分重要，不过，配置和选择树种时需要对犯罪充分加以关注。要选择不切断居住者视线的低、中、高木，特别是要对位于人的视线上方的树叶繁茂的小乔木进行绿化前的讨论，同时充分地考虑植物的生长和姿态的变化。种植之初虽然充分考虑了安全因素，但是随着树木5年以至10年的生长，情况就会有很大的变化。作为人工物的建筑物也有它自身的不同点。对于植被，我们需要进行最初的设计、生长最盛时期5年后的设计以及充分生长10年以至20年后的设计。树木在不断地生长变化，为实现理想的设计，恰当的栽植管理是不可缺少的。

例如，作为绿篱的树木，如果不进行恰当的栽植管理，就会长得过高。本来是小乔木，从下部透过空隙可以看见远处。但如果矮树变大，就会由于从下到上都过于繁茂而遮挡住人们的视线，问题

〔图32〕

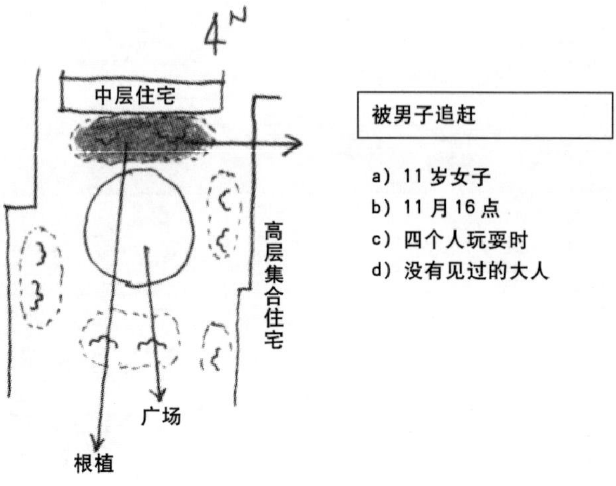

就会变得更加严重。如果小乔木变成乔木的话，也会产生同样的问题。如何对树木进行恰当的管理需要给予充分考虑。树木的管理看似简单，实际上需要有专业性知识、技术和相当的经费。如果对这一点不加以重视，再进行无计划栽植的话，随着树木的生长必然会产生新的问题。那样一来，在户外游玩的孩子们就非常容易受到伤害。

应该尊重树木的自然生长规律。一些人认为树木应该自然生长，不过对于树木的配置和树种的选择，需要事先从防止犯罪的角度进行充分讨论。

从整体看树木的配置和管理都是好的。

局部存在着这样的空间。它对孩子们来说是危险的。

27 自动售货机

在高层住宅区一楼部分的自行车停车场外墙等处一般设有自动售货机。不过利用者应该想到，在这样的地方设置自动售货机会引发犯罪。在无人的自动售货机周边，孩子们很容易受到威吓并遭遇抢劫，所以在住宅区的自行车停车场设置自动售货机存在很多问题。

图 33 就是这样的一个事例。加害者主要是高中生年龄阶段的人。这个自动售货机的设置者是作为住宅区供给主体的住宅公团或是管理工会。不过请想一想，他们是想得到什么收益呢？

饮料自动售货机只有日本是可以随意设置的。在欧洲的发达国

〔图 33〕

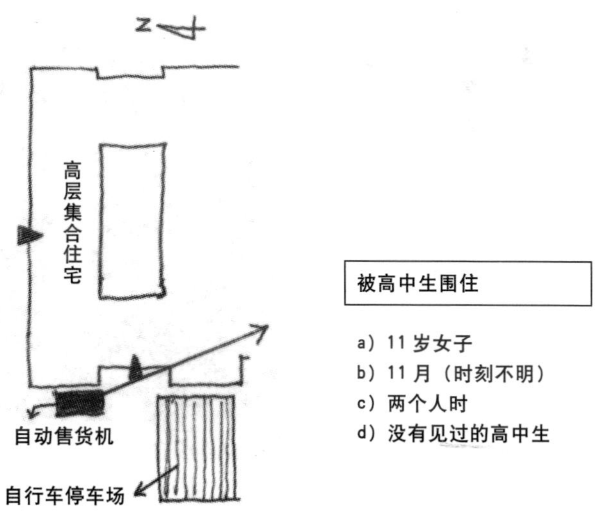

家，跑几百公里也看不见一个。只有在城市里稍大的车站和宾馆才能看到。在把自动售货机的位置设置作为问题之前，我想先把日本人的实际日常生活作为问题加以考虑，更何况后面还有其周边的孩子们易遭受伤害这一更大的问题呢。

自动售货机可以在任何地方设置，不过由于场所的不同发生犯罪的因素也不同。

28 商业设施的合并

像前面所说的那样，由于有住宅区居民购买日常生活用品的商店存在，居民们相互间的交流增多，对保护孩子们免受犯罪侵害起到了重要的作用。

住宅区的情况也是一样的。晚上8点以后还在营业的住宅区商店实际上对保护孩子们免受伤害很有益处。如果商店的经营者也是住宅区的居民，效果会更佳。然而即使是同样的商业设施，如果改为大规模购物中心的话，情况就会大不一样。广域性的大规模商业设施的合并，会提高住宅区孩子们受害的危险度。

图34就是这样一个事例。在这个高层住宅区入口的住宅楼一楼

〔图34〕

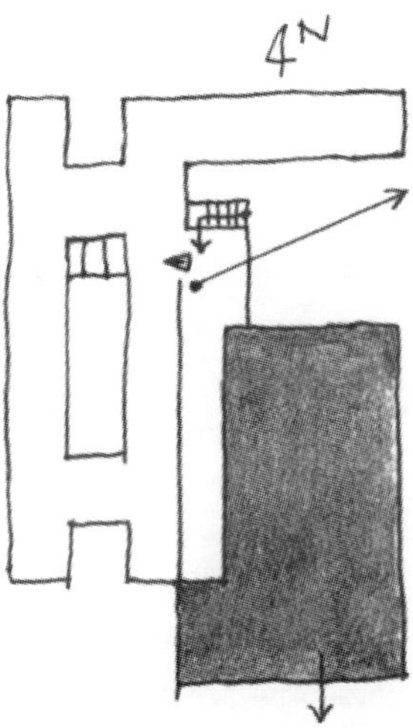

说要让看阴部

a）8岁男子
b）1月15点
c）一个人去补习班的途中
d）没有见过的大人（男）

被男子掐住脖子

a）12岁男子
b）12月17点
c）两个人时
d）没有见过的大人

（二层平面图） 一层的大商店

部分设有大规模的购物中心。为了把购物中心的顾客和居住者的活动线区分开来，楼栋的出入口被设置在二楼。这是为防止购物中心的顾客混进楼栋，加强防范力度的结果，但却反过来成了增加犯罪几率的因素。

在二楼楼栋的出入口周围发生了数起盗窃事件。对犯罪分子来说，从一楼部分的购物中心接近楼栋应该是容易的，如果上升到二楼，就完全遮断了一楼购物中心顾客的视线。如果采用将购物中心顾客和居住者活动线相分离的方法，犯罪分子就可以在不被怀疑的情况下轻易接近楼栋，从而形成有利于他们轻而易举实施犯罪的空间。

高层住宅区里有不少合并的大规模商业设施。不过，关于这个还需要讨论。住宅区对居住者来说是日常的居住空间，对孩子来说则是重要的生活空间。在这个空间里，以非特定多数人的利用为前

与集合住宅并建的大型超市。

提进行合并的大规模商业设施对于住宅区的居住者，特别是孩子们来说，是与生活环境的退化相关联的。高层集合住宅区由于是居住者的生活聚居点，保证良好的居住环境比什么都重要，因此，有必要寻求适合那里的商业设施的规模和行业种类。可是，即使那样大规模的商店也存在着经营危机的现实。所以，有必要像考虑商业街的所有项目那样，对高层住宅区的商店给予充分的考虑。

集合住宅住户的出入口在二层。从超市前面的广场伸向二层的楼梯。

在二层集合住宅的出入口附近看不见人烟。

29 横穿住宅区的干线道路

如果住宅区的规模在某种程度上扩大的话，贯通住宅区的城市道路也会相应增加。有时还有以城市道路搭配为前提建设的住宅区。这种城市道路周边与住宅区内的生活道路（主要是为地域居民提供生活供给、鲜有汽车经过的道路）相比，具有独特的氛围。

往返于生活道路的人们，无论是周围楼栋的居民，还是在住宅区开放空间玩耍的孩子们，彼此能互相见面，两者间不存在大的障碍物。但如果是城市道路，就很难产生出与周围楼栋和开放空间有一体感的关系。两者间被栽植的乔、灌木等分隔，因为居民一侧为了抵御噪声和空气污染等交通公害以及可疑者的侵入，已经把这种

〔图 35〕

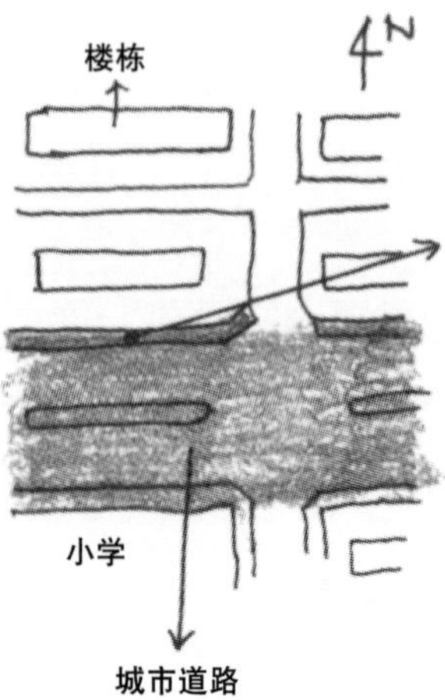

被醉汉骂

a）10 岁女子
b）10 月 7 点
c）三个人去上学时
d）没有见过的大人

植物分隔当作必要的手段。这种障壁周围的孩子们有可能遭遇伤害，随之在住宅区中也会产生出死角。

图35就是这种空间的一个例子。住宅区中贯通着城市道路，而且沿路有繁茂的乔、灌木。这样的地方容易发生犯罪。但是，所说的城市道路贯通住宅区这样一个统一的日常生活圈的规划其实是没有根据的，这样的规划从防止犯罪的视角来看是需要重新评估的。

住宅区内贯穿着城市道路，树木遮住了楼栋，切断了与道路的关系。

30 利用性低的住宅

位于住宅南侧的公园相对于孩子们来说要安全得多。可是也有例外，比如住宅区在白天的利用性就极差。

如果只是单身者的住宅区的话，白天起居室的窗户上就会始终悬挂着窗帘。这样，即使是住宅和公园的位置关系是良好的，也没有人能注意在那里玩要的孩子们。反之，如果在高龄者多的住宅区，效果就会大不一样。

再有如住宅区的构造问题，特别是阳台的构造问题。如果按照遮住来自利用性高的起居室的视线那样进行构造的话，效果就会减半。图36就是一个例子。夏天的傍晚这里易于发生针对孩子们的犯

〔图 36〕

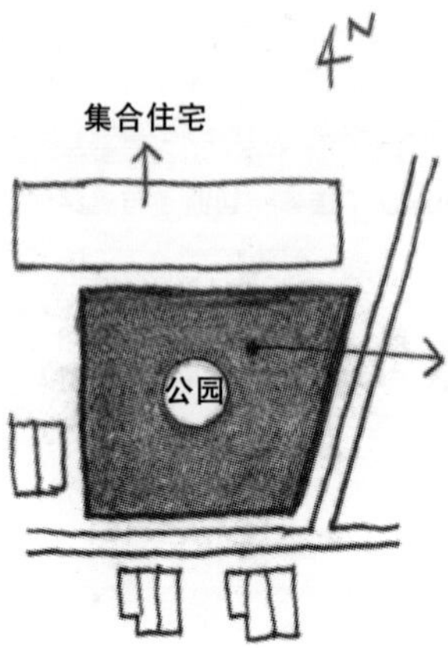

差一点被打

a）10岁男子
b）9月17点
c）一个人时
d）没有见过的大人（男）

被男子追赶

a）10岁女子
b）9月16点
c）五个人玩要时
d）没有见过的大人

罪。分析起来，阳台的构造有问题，不过，空调的普及也可能有一定的影响。这些原因叠加在一起。虽然对公园来说，这个住宅区的位置很理想，但是它并没有充分起到防止犯罪的作用。

因此，除了把公园配置在住宅区的理想位置以外，还要考虑到住宅区的居住者是否常住等问题。

与公园的位置关系是好的，不过白天没有人，而且夏天开空调关窗户也没有什么意义。

31 大规模的住宅

如前文所述，在住宅区，楼栋和开放空间的位置关系有着极为重要的意义。可是，它是以楼栋的南侧（居住侧）对于前面的开放空间必须彻底开放（视觉上也应有一体感）为前提才能成立的。

在楼栋没有开放前面空间的情况下，要想摆正两者的位置关系是非常困难的（关于这一点我们已经在前项做过介绍）。在多幢高层住宅楼林立的大规模住宅区，各住户对外部空间是极为封闭的。由于附设着遮挡阳台视野的障碍物，从各家各户的起居室看外面也很难。当然，从前面的开放空间看起居室内的人也不容易。在这样的住宅区，楼栋的南侧和北侧都没有太大的变化。

〔图 37〕

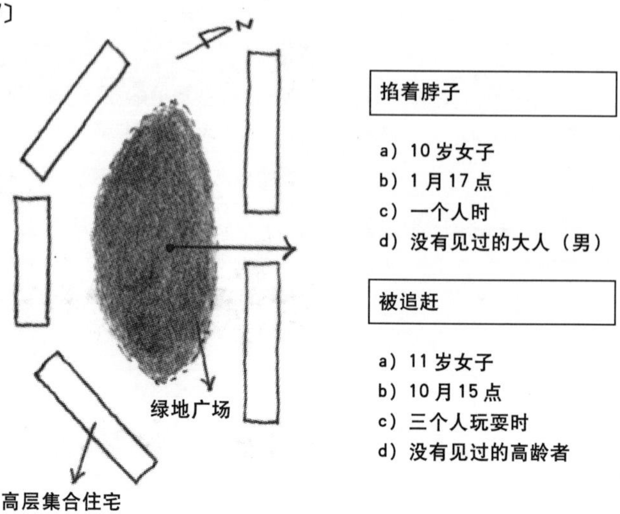

从住宅区中央的广场往上看，楼栋的各个住家像摆着的豆子一样小。

对面的住户也有同样的感觉。由于住户很多，感觉不到被人注意。

在大规模的集居空间里，人们看起来好像在寻求着极端的个人隐私。经常会出现“是不是被谁看见了”的不安情绪，且对此极为重视。据说人们正在寻求着从外面不能看到里面，从里面也不易看到外面的空间构造。在规模不够大、且栋数只有1～2栋左右的住宅区里，这样的事则不易发生。楼栋的南侧是极为开放的。如果南侧有开放空间，两者就会维持着极为良好的关系。

这样试着对大规模住宅区和小规模住宅区进行比较，通过与居住者外部空间的对应，可以推测出住宅区栋数和规模的关系。为了使居住者对外部空间开放，住宅区的规模应该有一定的界限。一旦超越这个界限，居住者便会很强烈地意识到非特定多数的视线，就会变得极端寻求个人隐私。

图37是在大规模住宅区内发生犯罪的一个事例。如果从楼栋中央的开放空间仰视的话，各家各户好像豆粒似的，南侧的楼栋和北侧的楼栋都很好地确保了个人隐私，在开放空间里感觉不到居住

各户的阳台装着隔板，从外面看不见里面，从里面也看不见外面。

者的视线。原本的所谓住所是个人和家族生活的基础，需要不断地促其发展。可与此同时，它又是形成城市的一个重要的构成要素，不仅受到周边空间的影响，还对周边空间产生影响，从而形成一个城市。正是通过这样的相关因素才决定了城市的质量。另外，我们还需要重新评估与周边中断关系的大规模高层集合住宅区的建设。因为在这样的空间里，孩子们是不能放心生活的。

32 不完善的社区自治活动

对于保护孩子不受伤害的城市建设来说，从硬件方面改变城市的空间构造很重要，不过，充实该空间的管理等软件方面的活动也同样重要。住宅区自治会和镇议会等自治组织民主汲取居民意向的活动，得到了居民的信赖，是在地域中保护孩子们不受伤害的重要条件。

特别是住宅区内的自行车停车场和垃圾站、楼栋的道路和楼栋周边的绿地等半公共性空间的管理，对保护孩子不受伤害具有重要的意义。这样的空间是孩子们最初遇到的外部空间，也是最具日常性的外部空间，在这一地域里大人们必须多加注意。这个空间的日

楼栋的周围是孩子们快乐的生活空间，不过……。

常性管理与其说和居民每个人和住宅区的管理事务所有关，倒不如说和自治会等自治组织的活动有很大的关系。

如果自治组织的活动减弱，对这种半公共性空间的管理就会不完善，那里容易发生针对孩子们的犯罪。楼栋规模很大、楼栋数很多的居住空间就会出现楼栋内外的半公共性空间管理不完善的情况。在乍一看是现代类型的高层住宅区里，也有半公共性空间管理状况不佳的事例。与各住户和住宅区中央部的开放空间等相比，这个半公共性空间的管理状况有明显的不足。虽然各住户在管理上都很尽责，但无法归属的楼栋内外的半公共性空间的管理，绝大部分都委托给了居民的自治组织。在过大的集居空间里，有不少问题就存在于这种半公共性空间的管理状况方面，也可以说是存在于管理中心和居民自治组织的活动方面。

图38就是这种高层住宅区的一个事例。从这个楼栋一楼的道路

〔图38〕

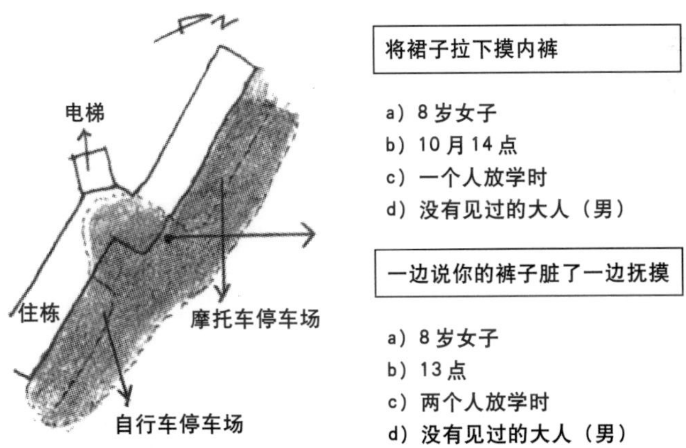

部分可以看到禁止停放自行车和摩托车的贴纸。既想让居民对此事有自知之明，却又无法清楚地讲明解决问题的方法，说明在过大的集居空间里进行自治活动有很大难度。如果楼栋的规模较小，问题的矛盾可能会趋于缓和。

需要从空间管理的侧面赋予居民民主活动的自治组织地位，应从具体视点重新考虑集合住宅区的规模和空间的构成。

自行车停车场的管理是很困难的。从整理状况可以看到自治活动的效果。

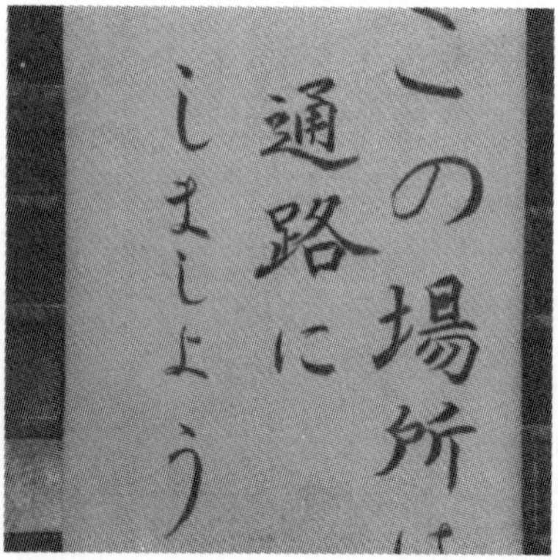

在住宅区到处都可以看到住宅区自治会的贴纸。

第五章 “一般城市街区”的危险空间

33 遮挡视线的植被

公园必须设置秋千和滑梯的时代已经结束。与此同时，“只要公园种树就行”这样的时代也即将结束。应该考虑公园的性质，在必要的地方种植必要的树木。在这种情况下，需要充分地考虑树木的发育和生长。

人们将植物融入居住环境的习俗已有悠久的历史，不过，植物不是胡乱种植的，而是通过考虑它们各自的特性以后选定的。例如，为了抵御风雪种常绿树、在被预测地崩的地点架设植物的根、在人们通行的道路上种美丽的花木、在院内为了防备食品不足种果树等，这些都是根据各自的需要而种植的。对于公园树木，也需要充分考

树木繁茂的绿地。

虑地域的自然和历史因素，有计划地进行种植。最近的公园都通过这方面得到了相当的改善。可是从孩子们的防范方面来看，仍有许多需要改善之处。由于公园内密植的树木，人们的视线容易被切断，特别是公园周边的通行者和近邻居民的视线容易被遮挡住，这就为犯罪分子提供了可乘之机。

图39就是公园外围植物把公园内部通行者的视线完全遮住的一个事例。在这个公园里，孩子们容易受到危险的伤害。

这样的空间需要尽可能地拓宽大人们的视野。为了保证大人视线的高度，如何配置许多树枝相连的小乔木很重要。应该配置以灌木和乔木为主的植被。需要配置小乔木时，应尽量避免数十米队列似的栽植方式，还需要在如何配置上下工夫。最近，这一点也得到了不少改善，不过，此后由于管理不善，好不容易取得的改善效果也随之减半。疏于管理的灌木由于不断生长，易遮住人们的视线。与

〔图 39〕

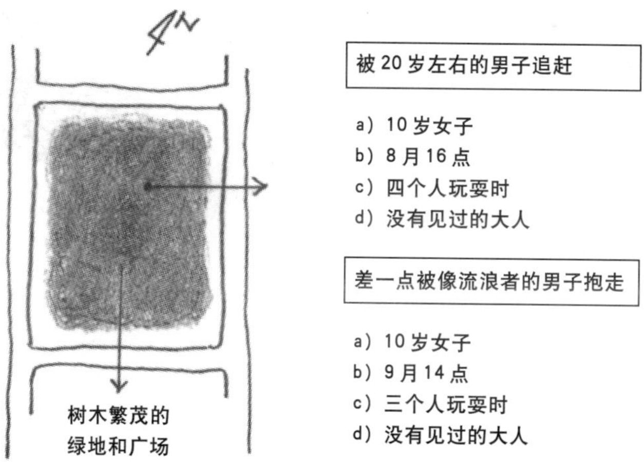

建筑物不同，植物不能永远停留在当初的高度。需要有植物生长的规划和此后的管理。

从管理角度看，住宅区内的种植有问题。我们从住宅区的管理主体就能看到差别。不过，越是公共住宅区，住宅区内的种植管理状况越不好，这已成为普遍的现象。例如，地方自治团体住宅区的种植管理与来自于同样的自治团体的公园相比相差一大截。可以推测这是缺乏种植管理人才的结果。这一点有待进一步的改善。

公园的入口附近。公园内部是绿色的密室。

应该是很好的散步路，但由于树木管理不善而变得很危险。

公营住宅的树木管理不佳。

这个住宅也基本上没有进行管理。

市街地的树木管理比公营住宅的树木管理要好。也许是有专门职员的缘故吧。

34 有效利用回填土的公园

有的公园植被以灌木和乔木为中心，已做过一次修剪，但此后由于疏于修剪而发生了犯罪事件。为了防震抗灾，对埋设在公园地下的雨水槽等还进行了改造，结果导致公园地表比周围道路高出数十厘米。从人们开始关注震灾对策之后，到处可见这样的公园。

在被提高加固的填土上面像例行公事一样配置着灌木和乔木。于是在比道路高出数十厘米的地方种植的矮树也成为影响大人视线的障碍。这种情况下种植灌木显然是不适当的。当然，我们也能看到在建设之初就比周围道路高出一层的公园地表上的植被。不过，应该说这种情况在我们的讨论范围之外。

〔图 40〕

差一点儿被抱

a）7 岁女子
b）4 月 14 点
c）四个人玩耍时
d）没有见过的大人（男）

图40就是这样的一个公园。公园由于填土地势变得很高。行人很难看到公园内部。孩子们容易处在危险的环境当中。这样的公园只适合种植较低的花草等。

公园和绿地的栽植及其管理由于从保护孩子们免受伤害这一视角出发进行考虑，有了一定的改善，不过它同时也表现出并非从现实孩子们的生活视角出发进行构思的弱点。并不是说不选择小乔木，只种植灌木和乔木就能保证安全。

由于填土，树木挡住了行人投向公园内部的视线。这样一来即使是进行了栽植管理也没有什么意义。

35 公园的娱乐设施

如果公园的娱乐设施全部变成遮住孩子的大型娱乐设施的话，尤其需要从防范上加以注意。大型的娱乐设施可以促使孩子们产生好奇心，不过，由于构造和配置的不同，在公园内会出现犯罪的危险空间。因为周边居民的视线容易被它切断，所以在大型娱乐设施后面易发生针对孩子们的犯罪。

在类似中央公园等大规模的公园里，也能看到将公园内的一部分用隔离板等包围起来，制造一些小空间使之封闭的现象，不过，这种做法往往会产生出危险性高的空间。其他的虽不是娱乐设施，但也有如在公园内简单设置储存震灾消防用具等的库房，从而对安全

〔图 41〕

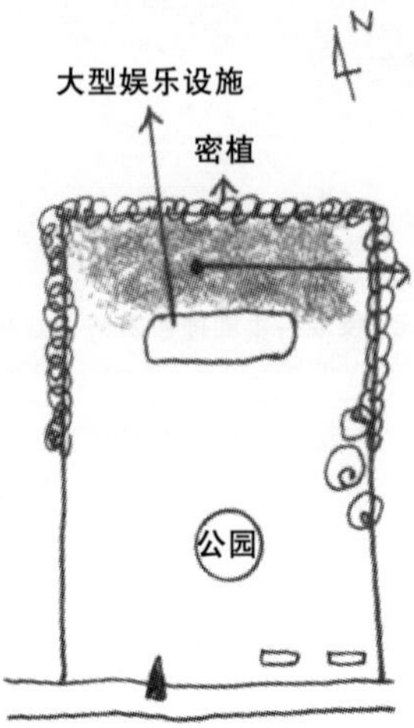

性器官被摸

a）7 岁女子
b）7 月 14 点
c）一个人在等朋友时
d）没有见过的大人（男）

构成威胁的事例。由于在面向道路的入口周边建造了这样的库房，所以使公园内部产生了不可预料的变化。

图 41 和 42 就是这样的事例。图 41，一个高度为孩子们身高的 3 倍、幅度 10m 以上的娱乐设施，被安置在不太宽广的公园中央部。图 42，在公园中央部略高的山丘上面制造了一个周围用隔离板围起的小空间。在这样的空间里，孩子们易受犯罪的侵害。

这些事例表明了娱乐设施的规模和构造没有从防止犯罪的角度充分加以论证。今后的公园规划有必要改善这一点。

在大型娱乐设施后面，孩子们遭遇犯罪侵害。

〔图 42〕

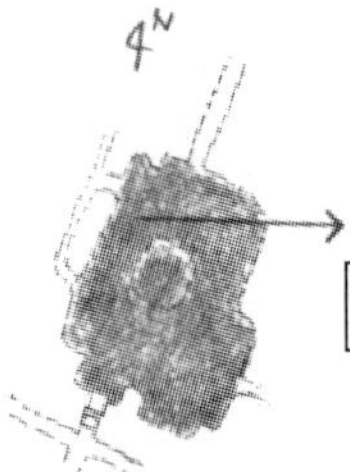

在公园的中央，由填土形成的小山上的城壁

哥哥被打

a）11 岁男子
b）8 月 14 点
c）两个人在玩耍时
d）没有见过的高中生

被恐吓

a）9 岁男子
b）10 月 16 点
c）四个人在玩耍时
d）没有见过的中学生

全都是缓缓倾斜的草地空间，不过在中央部建了小山和城墙

［公园的断面］
是想像着城墙建造的。城墙很美，不过在周围游玩的人们根本看不见其内部，因此有必要在位置和构造上下工夫

在小山上建造的城墙。

在广场游玩的母子和领着幼儿园的孩子们来玩儿的保姆很少，不过……。

36 与公园邻接的公益设施

关于公园因与邻接的公共设施相结合，需要进行一体规划的重要性在前文已有论述。在许多场合，因为这些设施是在公共所有的土地内建设的，所以有关人员的这个想法就比较容易变成现实（实际上在纵向行政的情况下这样的事例是非常少的）。

当与公园邻接的设施是民营医院或便利设施等公益设施时，这个想法就没有其他公共设施那样容易变为现实。不过，从对地域社会公益有助的设施这个性质来看，还是期待着对邻接公园的关注。一般认为，如果在公益设施的基础上再对公园稍加规划和管理的话，也许能防止不少的犯罪。

〔图 43〕

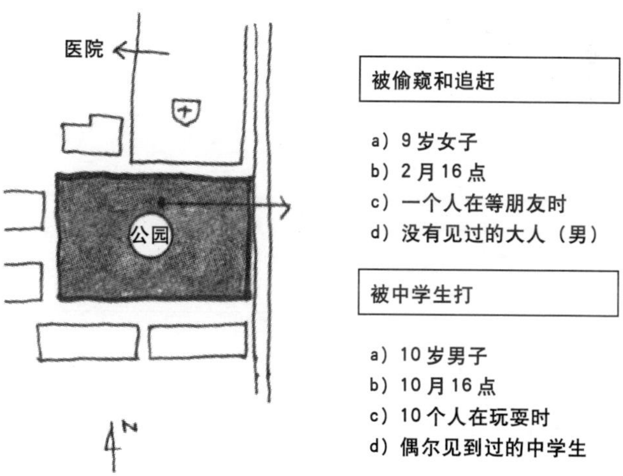

图43就是这样一个事例。这里有与公园邻接的民营医院，在与这个医院邻接的公园沙池上孩子们易于受到伤害。在偏离医院一楼部分数米以外，医院工作人员和来院者的视线范围内应该是极为安全的空间。不过遗憾的是，这里只是简单地并列配置了几间医院的库房，它们切断了医院跟公园的相邻关系。这个库房是一个不太引人注意的空间，那里应该有沙池。

最初，民间公益设施和邻接的公园一体化建设的现象很少，一般是两者分别计划和建设。即便在这种情况下，也应寻求从邻接公园（包括将来计划建设的）与公益设施和谐共存这样的视角出发进行规划和管理。

对于周围没有太多游玩场所的地域的孩子们来说，这个公园是重要的空间。

公园的沙场邻接医院。在这里孩子们易遇犯罪侵害。

这个公园的南面和西面有公营住宅，可以认为是与公园一起设计的，不过从这些公营住宅只能看到公园的北（里）侧和山墙侧。

在医院的用地内排列着临时建筑(可能是物品放置处)，切断了与公园的关系。

37 高架桥下的公园

城市的高度密集化推进着道路和铁路的立体化。因为比地下的建设费便宜，它们常常采用高架形式，所以在城市的各处都出现了高架道路和高架铁路。这个高架道路和高架铁路的地表部分还设置了不少公园和广场。可是，在这里设置的公园和广场如果对防止犯罪不加以特别关注的话，一般对孩子们来说会构成危险空间。

高架桥下的空间是日照和通风很差的空间。由于周围环境条件的不同，它们从白天开始就很暗，人们很少愿意在此聚集。这样一来，邻接高架桥的公园和广场的建筑物也变得与这个公园和广场不太协调。作为分离两者的隔离墙，需要很厚的植被带和坚固的构造

高架桥下的公园。孩子们不经常在这里玩儿，是容易发生犯罪的空间。

〔图 44〕

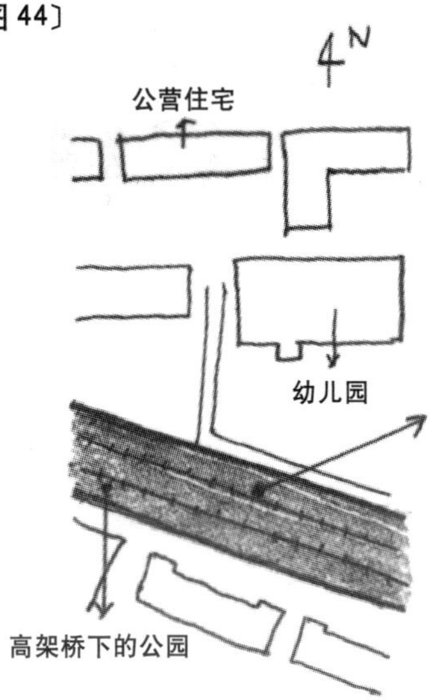

被持刀的男子恐吓

a）10 岁男子
b）4 月 17 点
c）七个人在玩耍时
d）没有见过的大人

被男子……

a）10 岁女子
b）10 月 16 点
c）两个人在购物途中
d）没有见过的大人

发生犯罪的高架桥下的公园即使在白天也是昏暗的。

到处可以看见乱写的东西。

物。在过密化的城市中，这样的空间很容易被地域的人们所抛弃，来这种地方游玩的孩子会频繁受到伤害。

图44就是这样的一个空间。这个公园从白天开始就发暗且桥墩上有乱划的痕迹，在邻接住宅区的边界处有完全被放弃修剪的繁茂植被。很明显，住宅区的居民断绝了与这个公园的关系，这个结果直接导致了公园里针对孩子们犯罪案件的增多。

作为由高架桥导致的住居环境退化的对策之一，在高架桥下建造公园和广场是明确的，不过，对地域居民不太喜欢高架桥下的公园和广场这一客观事实也应考虑。公园和广场并不是随处可建的设施，这些设施应该作为城市的起居室在适合它的地方建设。需要有以公园和广场为中心将城市展开的构思。只是简单地把公园和广场建造于高架桥下，对孩子们来说就等于又增加了一个危险性高的受害空间。

在大都市正进行着铁道和道路的高架化。高架桥下的空间有很多问题。公园并不是在什么地方都可以建造的。

要有效地利用高架桥下的空间，但期望利用高架铁路车站附近的商业设施是相当难的，而开辟为自行车停车场和停车场则无可非议，不过应设置管理员，同时需要有对交通事故和噪声等给予充分关注的环境对策。

对已经在高架桥下设置公园和广场的地方需要有改善之策。通过公园和广场的多目的的转用，应进一步讨论公园和广场的转用事宜。对此仍有困难的地域，需要在如何有效地利用高架桥下空间的方法上多加考虑。作为改善之策应考虑引进高龄者的娱乐设施等，应尝试怎样让当地的老人们保护好这个空间的安全，也有的地域用这种办法提高高架桥下空间的利用性。在那里，中午可以看到老人们打门球时的矫健身姿，听到他们阵阵的欢笑声，周围建筑物处在环境优美的空间中，相应的管理措施更加完善。

在这个高架桥下好像有老年人在打球，到了傍晚长椅被打扫得干干净净。

孩子们也想下工夫把这里变成快乐的空间。

38 脏乱的公园

放置着许多被损坏的娱乐设施、到处散落着垃圾、没有分类地丢弃着可燃垃圾、孩子们处在危险中的空间，这样的公园容易被地域的居民所抛弃，成为令人烦恼的设施。如何让当地的居民去爱它、利用和重视它，是公园本身完善其机能的首要条件。

图 45 就是这样的一个脏乱公园。娱乐设施几乎不再被人们使用，周围散落着垃圾，各种各样的垃圾从垃圾箱里溢出，周边的建筑物也背向着这个公园。在这里，不止一位女子遭遇过伤害。

为了引起当地居民的重视，公园需要赋予居民管理和营运的主体地位。当地居民仅仅作为公园利用者的话就会很有限。如果居民

〔图 45〕

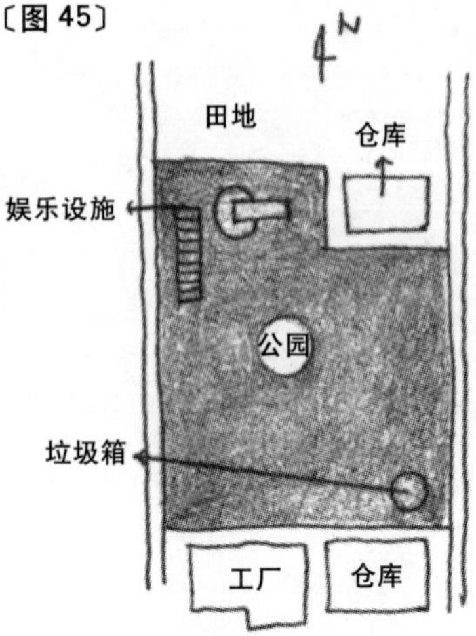

在垃圾箱和娱乐设施之间散落着垃圾

靠近身边说一起玩儿吧

a) 9 岁女子
b) 11 月 14 点
c) 六个人在玩耍时
d) 没有见过的大人（男）

说各种各样关于体型方面的话

a) 11 岁女子
b) 9 月 15 点
c) 两个人在放学时
d) 偶尔见到的高龄者

自己想成为公园管理营运的主体，他就有必要对“这是我们的公园”的认识过程有所准备。为此，通过公园被利用范围内的居民对公园进行重新评估是不可缺少的。孩子、父母、青年、高龄者，有时需加上附近工作人员的代表，应从防止犯罪的视角出发讨论设施配置和管理营运的方法，以此为基础的行政应寻求对公园行政进行重新评估。

散落着可燃性垃圾和不可燃性垃圾的公园垃圾箱。
这些垃圾中的大多数被认为是连锁店垃圾。

39 被掩盖的绿道

到处都能观察到所说的类似于在水路上加上覆盖物制作绿道的方法（被称为“盖架绿道”）。在汽车已经进入生活的各个角落的时代，能保护步行者的道路被人们广泛称赞。此后，随着下水道处理设施的普及，它被一起作为亲水空间消失的问题。目前在日本城市的一些地方仍然存在着这种覆盖式的绿道。

从保护孩子免受伤害这一视角出发，并不是指在哪里都能无条件地采用盖架绿道的对策。水路原本大部分是作为农业渠道设置的。随着时间的流逝，农业用土地逐步趋向住宅化，变成无用水机能的下水道而放出恶臭。之所以这样，是因为有不少面向水路的住宅对

〔图 46〕

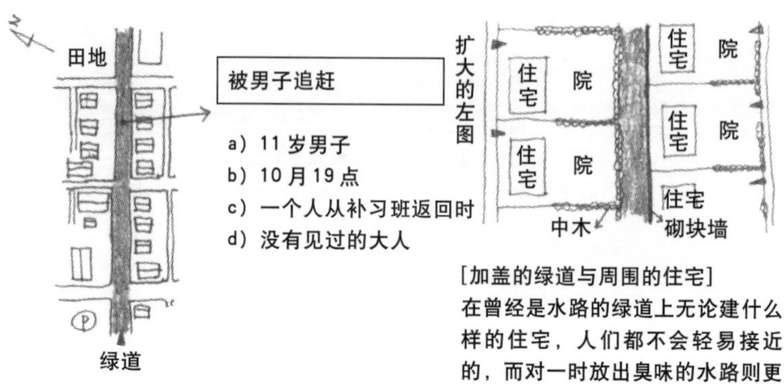

[加盖的绿道与周围的住宅]
在曾经是水路的绿道上无论建什么样的住宅，人们都不会轻易接近的，而对一时放出臭味的水路则更没有亲近感

水路做了封闭性的管理，根本就没有把它作为生活道路来考虑，也有不少在水路和宅地的交界处实施的密集栽植以及制作的坚固障碍物，另外还有与周边的宅地形成一体，发挥有效作用的盖架绿道，不过，其中亦有不少会成为危险空间的盖架绿道。

图46便是这样一个危险的盖架绿道。原本是水路的这个绿道被两侧的宅地用树木和围墙隔离，与绿道接触的住宅也背向着它，被树木和建筑物包围的部分给人阴暗的感觉。在这里曾发生过女子被人追赶数百米的犯罪案例。

制作盖架绿道的时候，需要充分讨论周边的情况，绝不能怠慢防范方面的对策，为此不可缺少与面向水路的住宅一侧的合作。根据当初住宅一侧的规划，有必要了解住宅一侧与绿道建造是否有接近配合的可能性，期待着经过一段时间的努力，能创造出与住宅有一体感、快乐安全并且步行者优先的道路网。

另一方面，在水路上也不是随便建造绿道，应该对作为水路的亲水空间的再生进行充分讨论。如果作为亲水空间再生的话当然有必要从安全方面进行讨论，因为本来水路就不是作为亲水空间而设计的……。

被住宅的北（里）侧和石墙所间隔，绿道从白天开始就变得既昏暗又危险。

被石墙和田地间隔的绿道。

40 路边停车

如果在公园周围道路边停车的话，那个公园就会变得非常危险，孩子们受害的危险也会增大。不仅仅是在公园周围，就是在队列似停车的路边，由于沿途建筑物的用途不同，被夹在建筑物和汽车之间的空间（主要是人行道部分）也会成为危险的空间。路边停车的车列遮住了走在人行道上的孩子们。在这种情况下，人员进出稀少的建筑物会更加危险。此外，人们对停车多的道路两边的建筑物利用率低的情况也随处可见。

图47就是这样的一个空间。沿道建筑物的一楼部分有许多仓库和车库，它们的利用时间被限定，从事日常工作的人在这里也不多

〔图 47〕

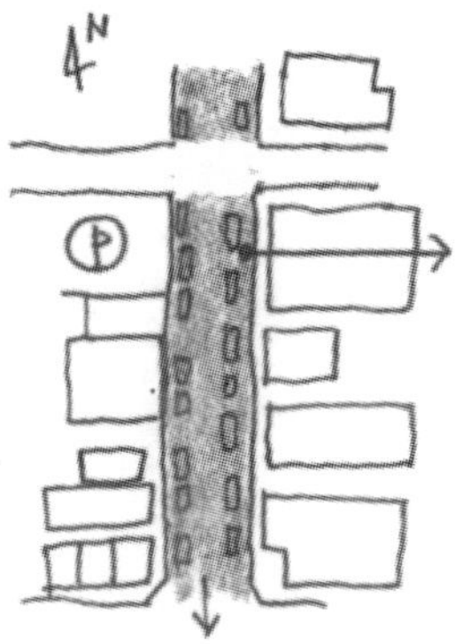

在两侧有很多对汽车依存度很高的店铺，在狭小的道路边并列着停放的车辆

被男子追赶

a）11岁男子
b）9月12点
c）一个人放学时
d）没有见过的大人

见，道路边停满了汽车，被夹在两者之间的人行道上的孩子们容易受到犯罪的侵害。

在这样的地方需要减少路边停车，不过，在对车的使用率较高的中小企业集中的地区，路边停车的现象仍然无法避免。因此有必要在提高建筑物一楼部分的利用性上多做考虑，而且要从地区整体性上考虑，如设置方便人们使用的茶馆和使人清楚看见户外的食堂等。

在狭小的道路边并列着停放的车辆。

被道路和路边的停车所夹，步行道成为危险的空间。

建筑物的一层成为物品放置场，人影稀疏。

在这样的地方，应该有供地域中的人们聚集的明亮的咖啡屋和美容院。

41 大规模的无人停车场

在郊外的土地规划整理区域，作为对土地的一时利用，到处可以见到大规模的停车场。在泡沫经济崩溃时期，市中心地区也有将被提高地价的空闲土地一时利用起来建设相当规模的停车场的情况。因为对一时利用和过渡阶段的土地利用在管理上还不完善，一般情况下只在停车场的出入口处设置无人收费所，不设管理员。在这种大规模的停车场，孩子们容易受到伤害，有的是在进入停车场时受到犯罪侵害的。

图48就是这样的一个停车场。这里是规划整理区域，周边挤满了建筑物。不过，这个地方有可以容纳100辆以上车辆的停车场，进

〔图 48〕

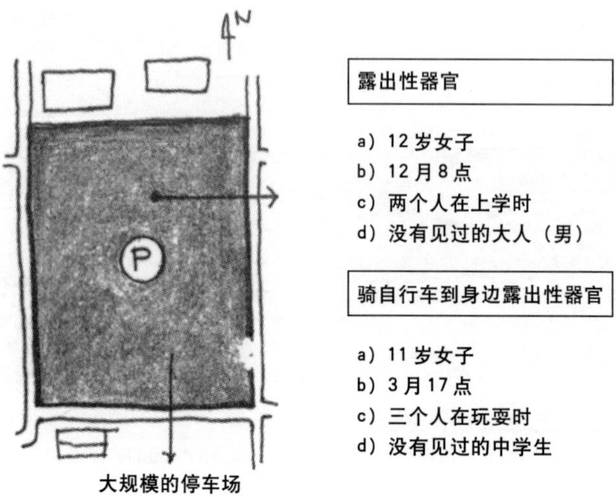

出停车场很自由，也没有管理员。停车场内并不总是停满了车辆，还留有相当的空隙。车的高度同孩子的身高差不多，但大型箱式汽车就完全遮住了孩子们的身影。

虽说只是一时和过渡性的利用，也有必要加大对大规模停车场的日常性管理的力度。除了检查进出人员和增加夜间照明等设备以外，管理员的常驻是极为有效的。

在市街地中存在的无人停车场是一个危险的空间。规模越大就越会增加危险度。

42 无人化的治安亭（派出所）

在世界上，日本的城市被认为是安全的一个主要原因，是存在着密得像网眼一样的治安亭和派出所。一般认为，如此周密地配置警察的国家在世界上也是不多见的。这些治安亭和派出所不仅详细地掌握着居民的生活状况，在保护居民的生命和财产方面也起着重要的作用。

然而，最近治安亭和派出所的无人化趋势越来越明显。对于在整个地域执勤的警官来说，这里正在变为只是偶然惠顾的地方。派出所只是放置着“×点左右到此巡逻。紧急情况时请给××号打电话”的立牌，看不到警官的身影。它实际上与“到×点为止这个地

〔图 49〕

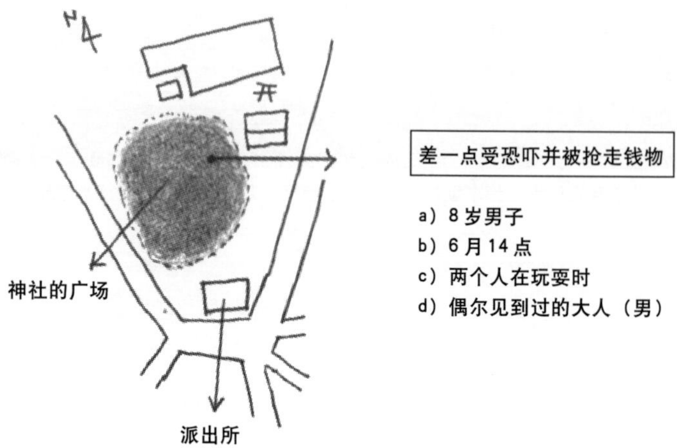

区没有警官”是同样的意思。

图49就是这种类型的派出所的一个例子。在这个派出所的背后有神社和小广场，这个广场由于靠近派出所，按理说应该是安全的，可在这里孩子们却受到恐吓，而这种不正常的现象究其原因是派出所的无人化造成的。

因此，为了保护孩子免受伤害，需要重新评估治安亭和派出所的作用。

神社广场前的派出所。由于无人化偶尔才能见到执勤进出的警察。

43 观光场所

即使是住宅区，也不应该只是由住宅组成，还存在着除了住宅以外与人们的生活有关系的各种各样的空间，这样才能体现城镇的面貌。可是，如果与日常生活不相关的特殊空间混进住宅区的话，城市就会呈现出危险的迹象。另一方面，作为地域的振兴策略之一，要开发旅游资源，建造供更大范围来的非特定人群访问的旅游设施，如果在与其没有什么联系的住宅区建设的话，犯罪的危险就会增大，因此需要有一定的对应策略。

图50就是这样的一个事例。对地域内流动的河进行了净化，河的两岸也被修整一新。不过，对旅游资源的有效利用政策却推进着

〔图50〕

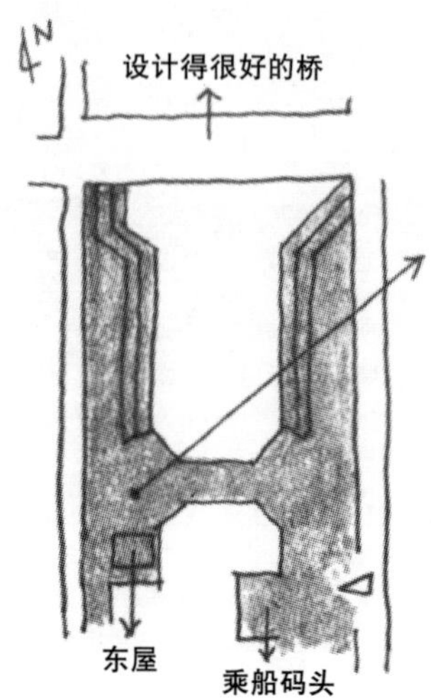

被恐吓

a）12岁男子
b）10月12点
c）四个人在玩耍时
d）没有见过的大人（男）

差一点被打

a）9岁女子
b）不明
c）四个人在玩耍时
d）没有见过的中学生

在这条河里设置游览船的计划。这样一来，不仅仅当地居民，而且那些非特定的观光客也能得到享受。由于在河岸的一些地方设置着停泊处，出现了小的旅游场所，各种各样的人们就在这里汇集。不过，作为住宅区发展的地域，应该说对于要建设这样的设施是完全没有准备的，在这样的地方孩子们容易受到伤害。

人们对在住宅区设置这样的旅游场所有赞成或反对两种论调。有说不应该考虑把这样的异质空间设置在住宅区的，也有说应该考虑同各种各样的人进行交流的。不管采取哪种考虑方法，在这种情况下，危险的犯罪都会增加，特别需要有保护孩子们免遭威胁的对策。像在这个事例中的停泊处一样，配置对空间进行日常性管理的人员是十分有效的。

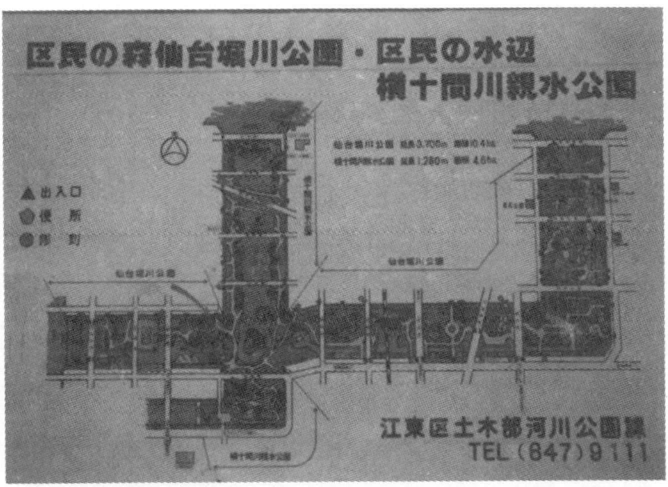

市中心的河道正进行着亲水公园化的建设。可是，如果将它立即与观光化相结合的话，问题就会减少。

在亲水公园化的河道，水上小船等观光设施被人们作为提案。

出现同乘的观光船。可是没有充分考虑乘船码头附近的安全。

在同乘的观光船（水上巴士）上看到的沿岸风景。在关于乘船码头位置的选择上，应注意周围的土地利用。

44 大规模的封闭型建筑物

住宅区的道路对孩子来说，是上学等重要的日常生活空间，也就是说，沿途的建筑物对孩子们起着重要的作用。因此对于它的用途和形态是需要有一定关注的。如果缺乏此类关注的话，沿途的空间就会变成危险空间，就会出现面向道路但几乎没有出入口的大规模的封闭型建筑物。

作为此类建筑物的典型，有工厂和大型仓库，也有大规模的店铺和写字楼。这些建筑物的构造是：正面的出入口部分是开放的，其他三面是极为封闭的。如果道路邻接这个封闭性侧面的话，它就会变得非常危险。因为建筑物的高度有限制，而幅度和长度基本上没

〔图 51〕

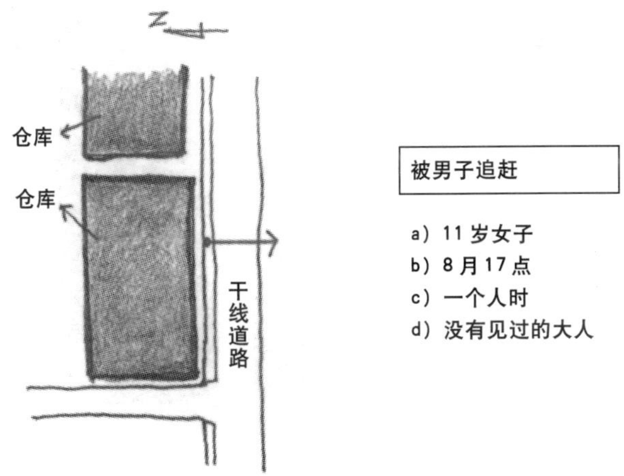

有限制，所以比较容易出现这样的空间。

图51就是这种空间的一个事例。邻接仓库长墙的这条道路是非常危险的，在这里孩子们容易受到犯罪的侵害。

各个建筑物不能以自我完成的形式存在，而是一个一个地构成城市的重要要素。我们需要从这个视角出发重新考虑建筑物的用途、配置和空间的构成。

面向步行道的仓库的墙。应留意每一个建筑物都是城市构造的重要因素，同时应考虑配置和构造。

45 集合住宅区内的商业设施

关于住宅区内大规模商业设施合并的危险性，我们已经讨论过了。不仅仅是在住宅区，在普通的住宅地区也有同样的问题。

图52就是这样一个事例。这个地域是住宅地区，不过，有一些独院住宅已被中层的住宅区所代替。这种住宅区的一楼部分不是设置着像菜铺和鱼铺一样以邻近居民为顾客的个人商店，而是被以广大顾客为对象的大规模超市所代替。这是所谓的木屐中层住宅。在这个超市的周围，孩子们容易受到伤害。

被邻近居民日常性利用的个人商店应该能完成在地域中保护孩子们的作用，不过，大规模的超市等商业设施反而又成为对孩子们

〔图52〕

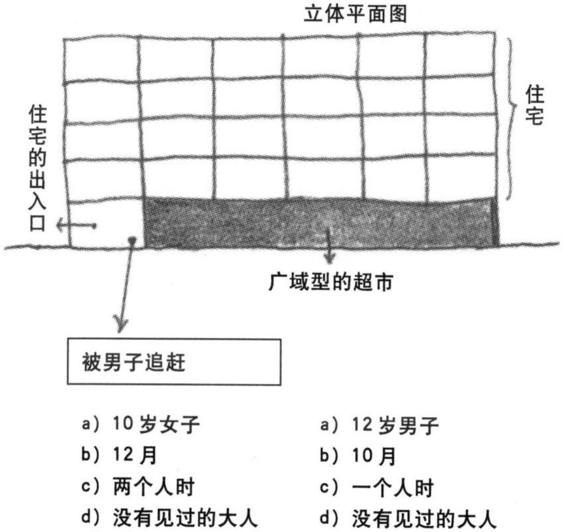

造成伤害的主要原因。在对犯罪毫无防备的住宅区里，建设大规模的商业设施需要进行充分讨论。如果站在为孩子们建造安全的生活空间这样的立场上，就应该严格限定布局大规模商业设施的地区，并且有必要对容许在许多住宅区里布局这类设施的现状进行重新考虑。

将独门独户住宅翻建成中层集合住宅，在一层部分会出现比较多的大规模超市。

46 单身公寓

这一章已经讨论了有代表性的一般市区的危险空间，不过在最后，我们将讨论关于潜藏在市区周边且容易被忽视的危险空间。其中一个是单身公寓。

作为孩子们生活空间的公园、广场、道路等和住宅的位置关系，我们已经从保护孩子免受伤害的重要性方面进行过讨论。可是，即使是在住宅和孩子们喜欢的生活空间有相称的位置关系（比如住宅的南侧有公园和广场）的情况下，也可能由于那个住宅的居住者自身的原因而产生问题。可是，在孩子们的户外生活时间里，由于居住者不在，窗帘拉着，无论多好的位置关系也会失去意义。

〔图 53〕

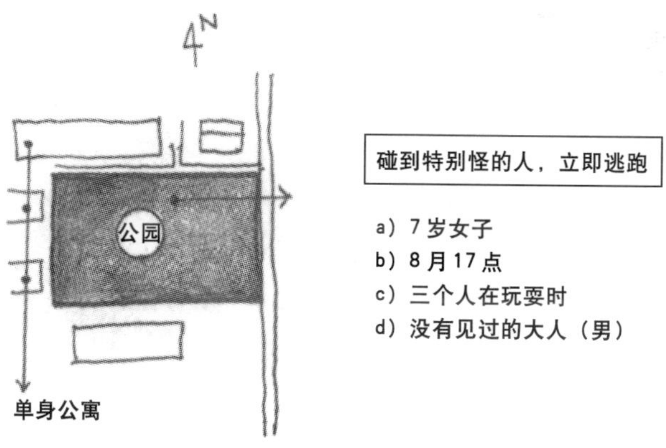

图53就是有问题的住宅。在位于这个住宅南侧的公园里，孩子们容易处在危险的情境之中。这个住宅是适合年轻人的单身公寓，白天几乎所有的住户都拉着窗帘，看不见居住者的身影。多么良好的位置关系在这儿也都失去了意义。因为高龄者也在这里生活，白天它也是利用率高的住宅，所以这个位置关系才得以复活。因此，在检查道路和公园的安全性时，需要考虑在邻接它们的建筑物中的居住者的特性。

在单身公寓，白天几乎看不见人影。

47 利用性低的两层独门独院

孩子们也有在位于二层建筑住宅起居室一侧（许多都在南侧）的公园、广场和道路上遇到伤害的可能性。这主要是生长茂盛的矮树篱笆等将住宅的一楼部分和外部孩子们生活的空间隔开的缘故。二楼部分虽然是对孩子们户外生活的空间敞开的，但是白天那里基本上看不见人影。独门独院住宅的二楼部分有时是卧室，有时是孩子的房间，与有起居室和厨房的一楼部分比较的话，它们白天的利用性极低。即使在只有老年夫妇生活的家庭里，二楼的利用率也是很低的。

图54就是这样的一个事例。这个公园虽然有两面位于独门独院

〔图54〕

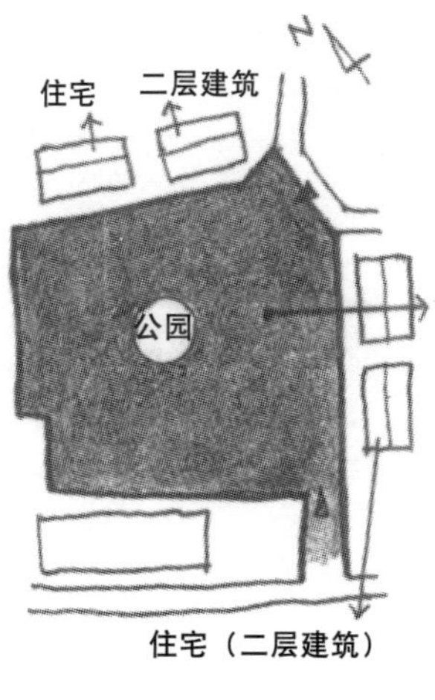

被中学生恐吓

a）8岁女子
b）10月15点
c）两个人在见面时
d）没有见过的中学生

被男子追赶

a）10岁女子
b）12月17点
c）五个人时
d）没有见过的大人

在公园的东侧有独门独户住宅，一层被砌块墙折断，二层的窗户拉着遮雨板。

南面朝着公园的独门独户住宅二层的遮雨板在白天也是关着的。

同样在白天拉着窗帘的独门独户住宅。

加之一楼部分被矮树篱笆等切断了与公园的关系。

住宅的起居室一侧这样的有利位置，但却是个不太安全的公园。作为主要生活场所的一楼部分由于被矮树篱笆挡住视线，即使是白天二楼也关着闸板。

虽说是二层建筑的住宅，但与外部空间有直接关系的只是一楼部分。因此，有必要寻求推进使住宅的一楼部分和外部空间保持联系的城市规划方案。

高龄者是地域中孩子们的保护神，伴随着高龄化，二层部分不再被使用。一层与城镇的关系是城市建设的基础。

48 中·高层住宅区楼下的道路

在不太宽广的用地建造中·高层住宅区，由于日照条件的关系，出现了不少在用地南侧界限的地方建造建筑物的现象。在这种情况下，要是用地的南侧存在道路的话，这条道路就会成为犯罪易发的区域。住宅区的一楼住户为了防止犯罪和守护个人隐私，设置了植被和坚固的障壁，切断了与眼前道路的关系。二楼以上的住户隔着阳台很难注意到正下方的道路。如果通行者从前面的道路看这个住宅区的话，它只不过是一个一楼部分用植被和障壁围在一起的巨大障碍物的说法也不为过。在城市中，这样的空间正在增加着。

图 55 就是这样的一个空间。在这里，如果遭遇到危险，可以用

〔图 55〕

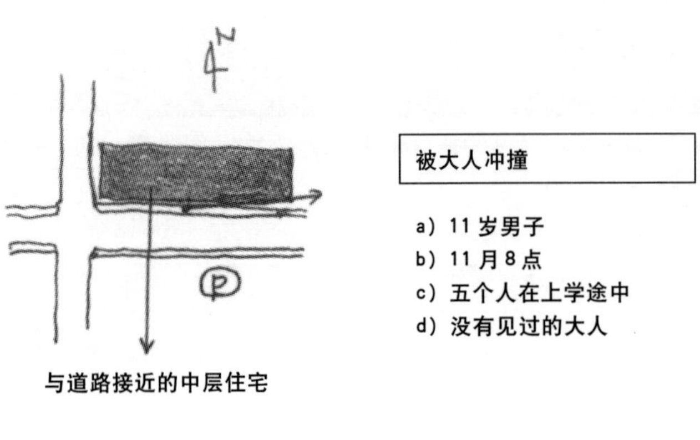

放声大喊来呼救，但不是说谁都可以在瞬间有所回应的，还是需要在建造建筑物的阶段就开始制定对策。

为了在住宅和前面道路间创造互动良好的关系，对到底需要多大的间隔这一问题目前还没有定论。根据前面道路的性质不同也许会有不同的结果吧。可是，至少不能使这个高层住宅和干线道路的间隔小于 10m。

如果建造与道路接近的集合住宅的话，一层完全被植被与障壁隔绝，二层以上只能看到阳台的墙壁。

49 与主干道邻接的小型住宅

从针对孩子们犯罪的危险性来看，小型住宅不一定起负面作用。与排列着大宅邸的道路相比，因为它体现着居住者的生活，所以需要提高前面道路的安全性。可是，前面道路只是生活道路（主要是为当地居民提供生活方便、很少有汽车通过的道路），如果是车流量很大的干线道路的话，情况就会有所改观。

因为不得不紧挨着占地狭小的前面道路建造住宅，为了确保住宅的安全，会在道路间设立砌块墙等不透明的坚固障壁。如果这种小型住宅在这种地方建造的话，道路会变得相当危险。

图56就是这样的一个空间。这里从前是一个市区，不过，市区

〔图56〕

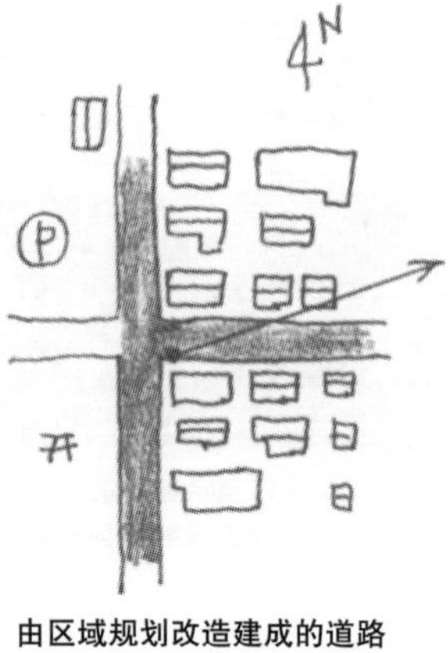

由区域规划改造建成的道路和宅地。两者都随着时代而变化

被男子追赶

a）11岁女子
b）12月19点
c）两个人从补习班返回时
d）没有见过的大人

由区域规划改造而建成的道路一点一点地变为地域中的干线道路，使城镇的面貌有所改变。在这个道路上女孩被追赶。

面向干线化道路的小规模住宅，也有的因为用地狭小，住宅与道路之间肯定会建造坚固的障壁。

在向周边扩大的同时，自身也在一点一点地发生着变化。前面道路的车流量也在增加，这增强了其干线道路的性质。周边的住宅区由于被再分割而变小。这样的变化疏远了两者的关系，这个空间对孩子们来说应该是危险的。

在地域中被干线化的道路（不是城市道路，宅地与其相接本身就有问题）周边，为了不遮断宅地和道路的关系，有必要制止小型住宅化。为了保持两者间良好的关系，还需要维持宅地的一定的面积。

入口和车库几乎与道路相连。如果排列着这样的住宅，前面的道路就会很危险。

50 学校设施

小学和中学也是地域中孩子们生活的据点设施。早晨孩子们从各个地方向这里聚集，到了傍晚再分散。因为是孩子们每日聚集的空间，所以应该从防止犯罪的视角对它再次加以考虑。

最近，寻求在地域中开办学校，从空间划分这一点上看，倒不如应看做是学校既在寻求用地内的完结性，又在提高其封闭性。沿学校周边的道路，有不少绵延的高大校舍以及密集种植的矮树篱笆和砌块墙等障壁。放学时，这里易变成对少数路过的孩子实施犯罪的地方。

在校园设置各种设施时，也有不少对于周边地区是封闭性的构

学校的外围绵延着“绿色的城壁”，这样一来学校外围的道路就会很危险。

造。最常见的例子是在校园一角设置游泳池，它被高高的障壁所包围。本来从校园外周的道路上看去，校园内孩子们的身影清晰可见，如今却突然被高高的障碍物遮住看不见了，反之，从校园内也有无法看见的道路空间。我们手头亦有不少关于设置仓库和体育馆这样的事例。寻求在用地内的完备性，以及相对于周边地区增强自身封闭性的结果，使得学校周边的空间成了孩子受害危险性高的空间。

图57就是这样的事例。校园一角的游泳池与外周的道路被设置的高高的障壁隔开。在那里孩子们很容易遭遇犯罪。

难道有必要采用这样的方法切断校舍和外周道路的关系吗？如果看见外边的通行者，教室里的孩子们就不能集中听课，那么只将教室部分遮蔽住不就行了吗？除此以外，还要在操场、门厅、职员室、工作室和烹调室等向外部进一步开放这一点上下工夫。期盼着学校空间的构造本身趋向地域敞开，跟周围环境有一体感，这样就

〔图57〕

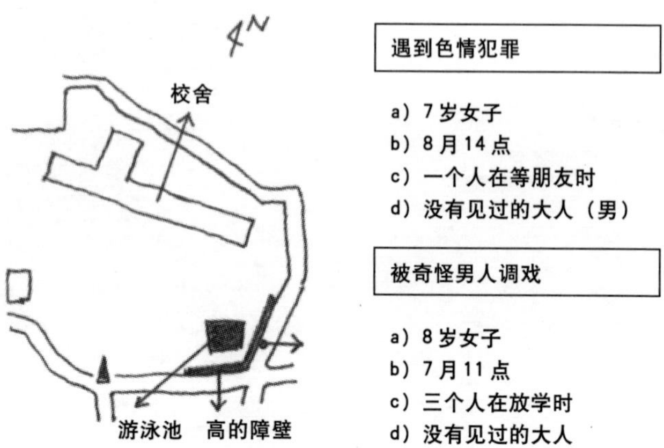

容易使孩子们免受威胁和伤害。遗憾的是，实际情况正朝着相反的方向发展着。

为了不想从道路上看到游泳池，交界处建造了很高的障壁。

这个小学也用高的障壁将游泳池围着。有很多这样封闭建造的学校。

第六章　危险的公园

51　住宅小区实例 1

这是小区内商店等服务设施区的广场（图 58）。

商店把这个广场分成两个部分，外部道路与商店围成入口广场（称之为广场 A），这里是儿童被害多发地。从此处穿过商店廊道的一层进入另一个广场（称之为广场 B）。与 A 广场不同的是，B 广场从未发生过儿童被害的事件。到底犯罪率高的广场 A 与犯罪率低的广场 B 存在着怎样的差异呢？

首先，最主要的原因是外部接近的难易程度。广场 A 很容易接近，但广场 B 必须通过建筑物一层的走廊才能进入。从这一点可以很明确地看出，从外部接近的难易程度的高低对广场 A 及广场 B 的

〔图 58〕

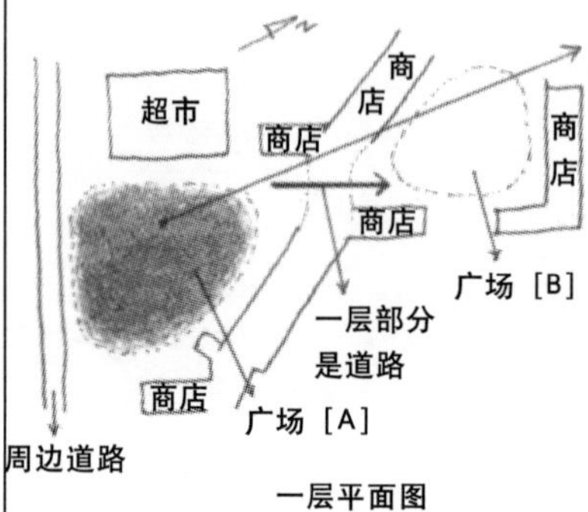

被年轻的男性拉下过裙子

a）8 岁女孩
b）10 月 17 点
c）两个人去买东西途中
d）不认识的成年人

被像大学生一样的男人摸过短裙

a）7 岁女孩
b）4 月 12 点
c）一个人放学回家
d）不认识的成年人

被男孩追赶过

a）10 岁女孩
b）11 月 20 点
c）一个人从补习班回家途中
d）不认识的成年人

被当面说过下流话

a）9 岁男孩
b）4 月 16 点
c）一个人去买东西
d）不认识的成年人（男）

安全性影响很大。

第二，广场自身是否具有较完整的空间领域性。这与第一点有密不可分的关系。所谓空间的领域性是指此空间的居民进行日常利用的专有性，除此之外的人如果要接近，至少从心理上会产生一种障碍，从空间上讲，这种领域性在防范功能方面起着极为重要的作用。

江户时代的街道随处都有木户口，在这里有木户番（保卫室），从木户口到每家每户，就是门不锁也可以十分安全地生活。现在，中国的上海市还存在着类似木户口的里弄这样的空间布局，其内部则完全是开放式的生活空间，在这里除十分熟悉的人以外，从外部想接近是十分困难的。在规划居住区时，这样一种空间领域性的确立是防范策略之一。从这点不难看出，广场A在安全性上十分不利，而有通道引入的广场B则显得十分安全。

广场［A］的全景。其左侧有超市。

从广场［A］周边的道路上可以很容易进入。就好像两者为一体一样。

广场［A］上无序停放的自行车，还有很多散乱的垃圾。

从广场［A］到广场［B］高层住宅建筑的一层成为其道路。广场［B］的入口一定要从此通过。

广场［B］的全景。周边是各种日用品小商店。

广场［B］的场景。推着购物车的居民与带着爱犬散步的居民在广场中高兴地交谈。

广场［B］的场景。也许是在购物之中，爱犬和儿童游玩的场景，母亲在旁边守护着他们的安全。

第三，面向广场的商店风格不同的原因。广场A是以大商场为主，小区以外的购物者也经常利用；而广场B就不同了，主要是为小区居民提供日常生活用品，而且商店大多以个人的小商铺为主。同样是商业设施，由于规模的不同，销售的商品也不同，对于地区安全性的影响就不同，作为结论，前面已经叙述过了，这里只是想通过实例进一步说明。

第四，可以说是利用空间的管理状况方面的原因。广场A的自行车停车场里停放的自行车十分混乱，在商店门前也可以看到这种现象。同时丢弃物也随处可见。相反，广场B却很少看到散乱的垃圾，管理状况也十分良好。由此可见，商业设施和利用者之间的垃圾处理问题是一个难题，这种不同商业空间反映出来的不同情况到底是由什么原因引起的呢？总结起来，主要是商业设施与利用者之间的性格差异所造成的。例如：广场A和广场B之间管理状况的差异直接导致了广场A和广场B在儿童被伤害事件发生频率上产生了明显的差异。

第五，广场利用状况的差异导致的原因。在广场B，可以经常看到父母带着孩子游玩以及老年人一起谈笑的场面。坐在椅子上看书的人也随处可见。与此相比，广场A却很少能看见上述场面。由此可见，广场B对当地居民来说是日常生活中不可缺少的温馨、舒适的活动交流空间，而这种感受在广场A中是很难体会得到的，这种差异直接影响了广场中的犯罪发生率。

52　住宅小区实例 2

这是住宅小区内的一个实例（见图 59）。

一般认为，住宅小区内的公园利用者较多，儿童被伤害的事件发生率较低，但是如果利用者或一些游人很少有时间利用公园的话，它就有可能变成一个很危险的场所。比如说“宫崎事件”就是发生在住宅小区公园中的 4 个孩子被诱拐杀害的典型事件。在这个公园内，儿童被伤害事件时有发生。所以说住宅小区内的公园由于配置（布局）和构造的不同，也会造成不同程度上的安全问题。对于这类公园，必须考虑以下几方面的问题。

首先，图 59 所示的公园由于是回填土地形，比四周的道路高出

〔图 59〕

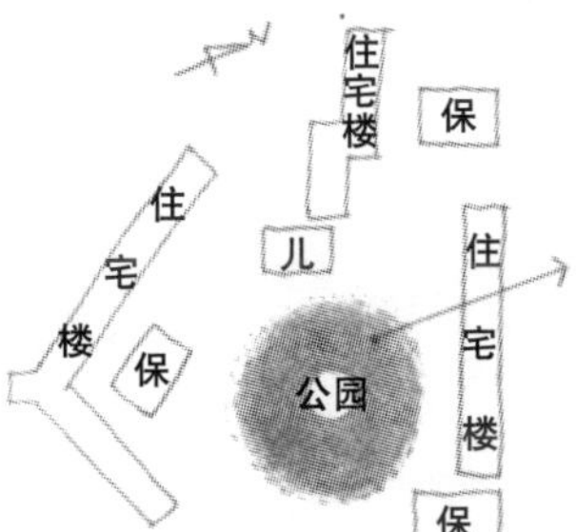

保：幼儿园，儿：儿童活动馆

被持刀男性追赶过

a）10 岁女孩
b）4 月 15 点
c）四个人游玩时
d）好像见过的成年人

被男性尾随过

a）9 岁女孩
b）10 月 17 点
c）一个人的时候
d）不认识的成年人

被男性追赶过

a）8 岁女孩
b）8 月 8 点
c）两个人在一起的时候
d）不认识的成年人

被男性追赶过

a）10 岁女孩
b）2 月 17 点
c）两个人一起玩儿的时候
d）好像见过的成年人

25cm，再在此地形上进行栽植，道路上的行人就很难看到公园内部的活动情况。如果从公园地形和地下设施的关系考虑，必须将其外围做成回填土地形的时候，应在种植上采取一些补救措施，尽量考虑一些不遮挡视线的植物种植。

第二，由于种植管理问题引发的过失。树木是有生命的生物，随着时间而生长，这种不断变化、生长的生命体是与建筑物等人工构筑物最大的区别。这种变化中的树木就是其作为生命体最大的魅力所在。

并不是所有的植物都需要人工管理，主要是根据配置的场所和希望得到的效果来要求进行适当的管理，但是这个公园在此方面的管理却显得效果不佳。例如，在回填土地形上种植较密的植物，导致从外部道路上无法直接看到公园内的景观。这种无任何修剪管理的种植形式，再加上相应的管理滞后，树木的自然生长必然造成公

公园被回填土抬高，比步行道要高一个台阶。在上面种的植物正好遮住行人的视线。

园被繁茂的植被所包围。

住宅小区内的公园与市内公园相比，在栽植等方面的管理上都存在一定的差距。与由专门的公园管理科进行直接养护管理的公园绿地相比，住宅小区内的绿地多由小区内各种设施管理部门中的一个部门进行相应程度的管理。一般来说，住宅小区内的种植管理应该进行适当的调整。对于日本的住宅小区来说，在规划初期，可以看到十分合理优秀的种植方案。但是由于其后的管理体制不十分健全，当初的规划方案很难在最终的实施中得以实现，相反，却导致了许多妨碍日常生活的问题发生。随着小区居民参与性的不断提高，需要从种植管理开始就对住宅小区内的公园、绿地的配置以及内部空间进行进一步的探讨。

第三，住宅小区内的各住户与外部空间几乎完全隔绝。这一点对于小区内的公园也不例外。从公园向周边看去，每个住户都如同

住宅小区内的植被管理似乎并不是很理想。

一个小豆粒，而这些原本就不大的豆粒面向公园的一侧均被窗帘挡住各自的视线，这样一来，在公园内活动、交流的场景就很难被人们看见。在高层住宅小区内，人们对私密性的要求似乎显得有些过分，总是认为好像有人可以从各个方向看到自己。这种担心形成的空间构造，如果从城市生活空间的角度进行分析，就存在着很大的空间缺陷。在这种城市生活空间里，公园或者绿地等开放空间实际上已经成为儿童被伤害事件发生率较高的户外活动空间。如果在这样的开放空间开辟居民交流活动的适宜场所,让其更具有生活气息，这里将会变成既安全又非常适合居住的城市空间。为了实现这一目标，建筑物的构造必须符合这种环境的要求，同时也必须有居民的参与。

根据这一观点，应该对高层住宅如现在集中建设的住宅小区这样的规划方针作进一步探讨。对各住户的居民来说，“街”、“绿地”这样的一种外部生活空间需要更温馨、更亲切的气氛，因此住宅小区内楼的规模、数量应该有一定的局限性。

公园的东侧可以看到高层住宅楼群。

同样，在北侧也能看到高层住宅楼群。

53　住宅小区实例 3

这个公园是小区内的小型公园（儿童公园），除色情犯罪外，针对儿童的犯罪也在不断增加（见图60）。这个公园为什么会多次发生儿童被伤害事件呢？分析起来主要有以下几方面的原因。

首先是与周边住宅的位置关系。这个公园的南侧与西侧是住宅，但各住户都没有朝向小公园的房间，所以这个公园正好位于周边住宅居民视线达不到的地方。我们站在公园内看到的只是南侧或西侧的大面积的水泥墙。

第二，与周边的幼儿园、儿童活动馆没有联系。这个公园的北侧有一条仅供步行用的小路，旁边就是幼儿园；公园的西侧除了住

〔图 60〕

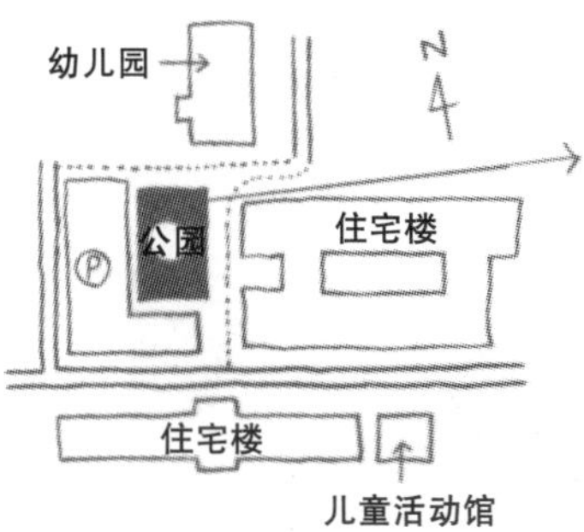

被男性强行抱过

a）8 岁女孩
b）15 点
c）四个人一起玩的时候
d）不认识的成年人

男性问没问题吧之后被摸了臀部

a）7 岁女孩
b）11 月 15 点
c）一个人玩的时候
d）不认识的成年人

跟我一起走吧

a）7 岁女孩
b）1 月 15 点
c）四个人一起玩的时候
d）不认识的成年人（男）

被说过下流话

a）9 岁女孩
b）6 月 8 点
c）三个人上学途中
d）不认识的成年男性

宅建筑以外，儿童活动馆也在这里，但是，这些设施之间缺少相互有机的联系。公园与幼儿园的交界处种植了可以完全遮挡人们视线的乔灌木，而在儿童活动馆之间却用很宽的墙将两部分完全分开，根本无法感觉到空间的连续性。原本公园与幼儿园及儿童活动馆均分布在同一个区域内，但是三者之间却缺少有机的联系。尽管这些设施具有各自相对独立的使用功能，但是作为儿童服务的公共设施，互相之间存在着不可分割的共通性，如果能很好地利用相互间的使用空间，更好地发挥其自身功能的话，这个公园完全可以为儿童提供一个既安全又舒适的相互联系的活动场所。

第三，是公园与幼儿园交界处的种植问题。前面也讲到过这里种植了遮挡视线的乔灌木。周边已有50cm高的土层再加上密植的灌木，正好将平均1.5m的视线高度遮挡住。这样一来，从公园就根本无法看到在幼儿园里活动的儿童及老师的身影，同样，从幼儿园内

在公园南侧道路对面的住宅楼。

部也很难看到人们在公园里活动的场景。

另外，公园的东侧有一处停车场。为了防止汽车尾气排放对周边环境的影响，在交界处种植了很多树木，局部还增加了挡墙。这个停车场也不例外，在交界处种植了许多乔灌木。这样一来，这个公园就被周边的环境孤立起来。由于设置了停车场，引发了周边空间关系的变化，因此，必须从一开始就充分考虑这些问题。

这个公园应该从以下几方面做进一步考虑，首先在这个区域内公园到底扮演着一个什么角色呢？该公园在设计时不应该将余出来的户外空间作为公园来使用。也许它先确定了住宅楼的位置，然后才是停车场与公园的位置。这种规划的结果不可能为居民提供一处既安全又舒适的小区公园。我们应该从根本上改变这种做法，因为公园实际上是本地区的户外生活起居室。对于住宅设计来说，作为小区一个完整的大家庭，安排属于大家的户外生活起居室是至关重

同样在北侧的一角看到的住宅楼。

要的。无论各自小家庭的室内空间多么精美，如果脱离了大家庭的户外起居室这样一个空间，也将是暗淡无光的。公园与居民的关系就好比住宅中的寝室与起居室的关系一样。所以说以公园为中心进行住宅小区的规划是十分重要的。

此外，必须考虑的第二个问题是，所设设施相互间的关系。原本密不可分的儿童公园、幼儿园、儿童活动馆等为儿童提供服务的设施却相互间毫无联系地各自独立设在小区内。往返于这些设施间的人们无法产生出空间的一体感，公园周边种植的乔灌木形成的“围墙”隔断了设施间的相互联系。在这种情况下，公园归公园管理科、幼儿园归保育科、儿童活动馆归儿童科管理的现有管理体制的限制如果不从根本上进行改革的话，真正处理好这些设施间的关系是不太可能的。我们应该从最初的规划阶段开始，充分探讨这些公共设施间的关系，创造出一个良好的生活、交流的户外活动空间。要想实现这一目标，首先应该协调各管理部门间的相互关系，打破部门间不相往来的局面。

公园东侧有一停车场，边界外密植了很多大灌木和小乔木。

公园北侧有幼儿园，公园一侧地形被抬高，而且在其上又种植了植物，无法看到儿童们的活动情景。

54　一般城市街区实例 1

在一个由各式私人住宅与低层住宅小区混杂在一起的高密度的城市街区，公园等开放空间已经成为十分珍贵的区域财产。但是，随着公园周边地区的居民生活及空间的变化，它逐渐成为儿童受伤害事件频繁发生的场所。

图 61 就是较典型的一个实例，这里针对儿童实施的暴力、色情等直接伤害身心健康的事件时有发生。有几方面的原因直接促使其变成危险的公园。

首先，在不知何时才能恢复经济发展的情况下，区域内的中小企业受到了极大的冲击，使得本地区的结构发生了巨大的变化，引

〔图 61〕

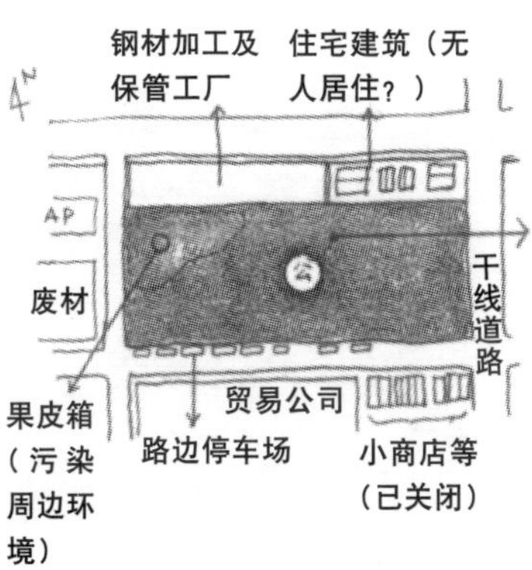

被流浪者追赶过

a）9 岁男孩
b）9 月 17 点
c）四个人一起玩的时候
d）不认识的成年男性

被男性追赶过

a）10 岁女孩
b）12 月 15 点
c）一个人休息的时候
d）不认识的成年人

偷看内裤

a）10 岁女孩
b）11 月 16 点
c）七个人一起玩的时候
d）经常看到的高中生

骑自行车时被偷看过内裤

a）7 岁女孩
b）8 月 13 点
c）三个人一起玩的时候
d）偶而能见到的中学生

发了公园内暴力事件的突发频率。在这个公园的北侧有一处钢材加工及保管的小企业工厂，外墙及窗口已出现不同程度的破损，也难以见到在工厂工作的工人。公园的南侧虽有小工厂、事务所及商店，但门窗都是紧闭着的。过去以事务所员工为中心的工作人员每天紧张忙碌的工作场景只能是一种美好的回忆了。那个时候，在这里工作的人们经常利用这个小公园，对孩子们来说，这也是一个非常安全的户外活动空间。像整个地区一样，这种居住、商业、工厂混杂的城市老街区繁荣的景象一天天在消失，公园周边的空间在不断荒废，公园本身正逐渐变成暴力事件多发的危险场所。

第二，主要是这个公园在管理上存在着一定的问题，公园到处可见散落的垃圾。在破旧的工厂旁边，还能看到一些被遗弃的自行车已经生锈腐烂，垃圾箱里装满了垃圾，散落得到处都是，被道路

公园北侧的钢材加工保管工厂。破损的窗户玻璃及无人管理的废材散落在公园中。

公园的工厂一侧放着破损的自行车。

公园南侧的小事务所、商店白天也是关着窗门，看不到人影。

分隔的西侧堆满了废旧的钢材。这些无人管理的城市卫生死角越来越荒凉。与荒废的工厂相邻的公园西北部，也有在一般的公园里很少看到的卫生死角。

第三，主要是公园外周道路上停放的汽车群。该公园的南侧有一幢经销办公用品的公司大楼，能看到道路上的行人。但是由于大楼与公园间的道路上停着许多小汽车，公园内部的活动场所就被完全封闭起来了。这个公司为自己的公司职员提供专用的停车场，但是并没有为其他公司的车辆提供停车场所，来自不同地区的汽车停在公园的南侧，将公园包围起来。

第四，主要是与公园西侧的住宅小区的关系。由于住宅小区内的建筑物的侧墙面向公园，所以人们无法从住宅内部直接看到在公园里游玩的儿童。

仅仅列出几条主要原因，我们就可以判断出这里的公园正逐渐

果皮箱中的垃圾填满后也无人清理，周边到处散落着垃圾。

与公园邻接的私人住宅的边界处杂草丛生。

成为暴力事件多发的危险场所。但是在密集的旧街区，能提供儿童自由活动的场所很有限，如果放弃这些场所，孩子们可能就没有可以利用的户外活动空间了。正因为如此，孩子们只能选择在这样一种危险的空间里进行自己的户外活动。

由零星中小企业、住宅、商业和工厂混杂在一起的城市街区的实例可以说较为普遍，并不是一种特例。由于近些年整体经济活力的下降，直接影响了公园的利用氛围，在这里游玩的孩子们面临着一种潜在的危险。正因为如此，我们才需要保护好自己的孩子们。为此，必须考虑怎样防止影响公园利用的不利因素，同时还需要考虑如何通过公园的有效利用来提高本地区的经济活力。

以前，无论是日本还是其他国家，区域内的公园及广场都是那些生活贫困人群聚集的场所，这里成为人们共同思考、共同行动的发源地。开展各项活动的场所首先应该是公园。例如，在一些有代

贸易公司前的道路边停放着成排的汽车，公园内部的情景根本无法看到。

表性的地方开展传统节日以及自由交易等振兴地区活力的活动项目，也可以考虑举办本地土特产品的展销或者举行定期的青年沙龙、妇女技能讲演会、儿童活动会、老人活动会等激发地区活力的活动项目；同时它也是劳动者、经营者集会交流的场所，通过一连串的社会活动，使该地区在各方面取得进一步的发展。随着公园活性化的开展，公园也会成为孩子们的安全活动场所。即使在社会经济不景气的情况下，公园也不会受到影响而变成危险的场所。

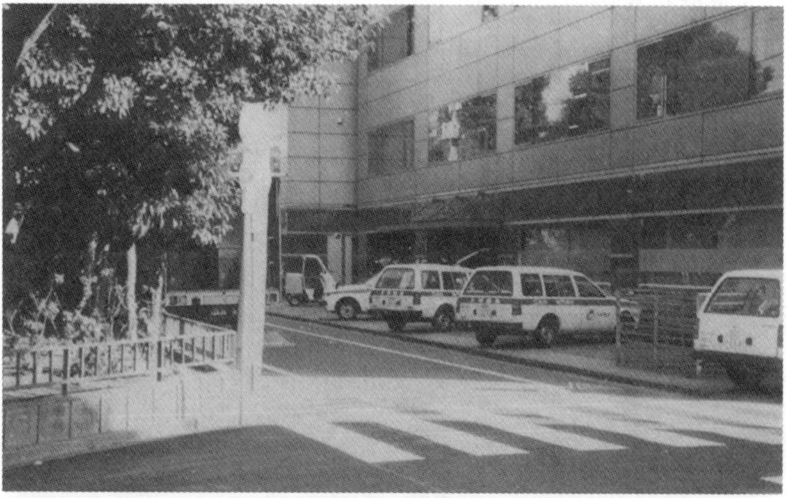

公园南侧的贸易公司。本公司用的停车场虽然被完整地留出……。

55　一般城市街区实例2

这是城市旧街区内的公园，也是儿童受伤害危险性较高的公园(见图62)。根据现场调查的情况看，我们从如何防止儿童被伤害事件发生这一角度进行公园的规划和管理可能会更好一些。

导致这个公园危险的第一个因素是由最初的公园设计引起的。公园的南侧是几户住宅，住宅与公园交界处被高高的围墙隔开。在与民宅接壤的公园南侧，自然条件也不十分理想。由于公园一侧种植了乔灌木，这里即使在白天也是个阴暗的空间。尽管如此，这里还是设置了儿童娱乐设施。但这些设施周围都成了危险空间。

为什么会变成这样呢？一定是公园建成后在其南侧又建了住宅。

〔图62〕

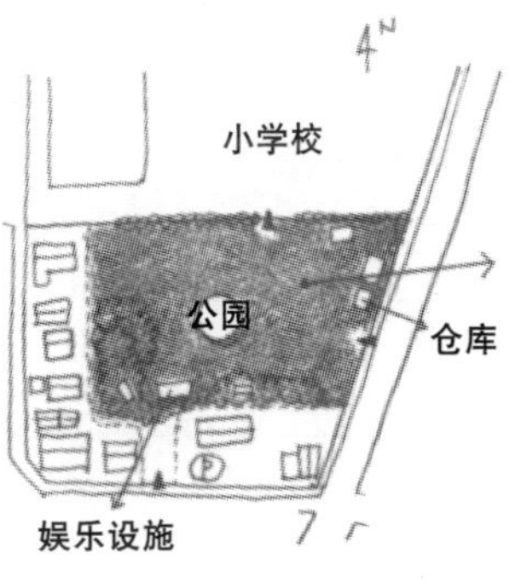

被高中生打过

a）8岁男孩
b）9月10点
c）8人一起玩的时候
d）不认识的高中生

遇到过手拿剪刀叫喊着跑过来的人

a）8岁女孩
b）8月14点
c）一个人的时候
d）不认识的大人

差一点被醉汉打

a）11岁男孩
b）8月19点
c）12人一起玩的时候
d）经常看见的成年人（男）

如果是先建住宅的话，公园一侧一定会给予相应的考虑。无论谁先谁后，两者相互间没有任何协调关系，均按各自的情况建造，其结果直接导致与公园相邻的一侧变成了非常危险的空间。在这种情况下，应该考虑如何与周边的环境相协调，对公园一侧的种植与娱乐设施进行调整，并在今后的规划调整过程中强调尽量避免因公园的先行建设而造成矛盾。

第二，主要是公园北侧与邻接的小学、幼儿园之间的关系问题。这个公园的土地与小学、幼儿园相接，因此可以认为当初是在同一块用地上规划设置的小学和公园，但是从现在的情况看，两者间没有任何的联系。

在小学一侧种植了很多植物，遮挡了两者之间的空间联系。在这里，小学自身形成了非常封闭的相对完整的空间。同为儿童服务设施，两者间如果能处理好空间的连续性和完整性的话，公园自身

在与私人住宅的交界处，树木生长得十分茂密，尽管是白天，这里也是灰暗的空间。在这种环境中还设置了娱乐设施。

的空间安全性就会得到很大的提高。在神户等地，还产生了一种学校与公园一起规划、一起建设，被称为“学校公园”的新设想，但由于管理部门的不同以及功能上的区别，广泛推广起来似乎有一定的困难。不过作为一种理想化的模式，我们应该全力推广，至少也应该从儿童学习生活的场所学校开始，打开空间原有的封闭性，从根本上改变整个地区存在的各种危险的户外活动空间。

第三，主要是与公园养护管理方面有关的问题。这个公园的东侧是一条道路。这条道路上设置了步行道，上学的孩子和当地居民经常使用它。该公园正好处在通行者的视线范围内，但是，在道路靠近公园一侧却有几处简易的建筑物。其中一处是存放消防器具的仓库。为了防止火灾、地震等自然灾害，很多当地的消防部门都把消防器具存放的仓库设在公园一角，而且这种情况越来越多。这是为了让通行者在遇到紧急情况时可以就近利用它们，所以说很多靠

公园与私人住宅之间用栏杆和绿篱完全分开。

近路旁的公园都把仓库设在公园内部，还把放置门球用具等类似工具箱之类的构筑物建在消防仓库旁边。正因为这些简易建筑物的存在，路上行人的视线才容易被遮住，使他们很难看到公园内部的情况。如果从儿童安全方面考虑的话，当初这些简易建筑物应建在更为合适的位置上。

第四，主要是因为住宅建在公园的西侧，而且山墙面全部朝向公园。

这样一来，公园四周就被一些构筑物包围，显得十分孤立。但是如果我们对这个公园的边界区域进行改造的话，这个公园也会变成安全、舒适的户外活动空间。如果对同样是儿童生活、交流、学习场所的学校与公园在空间连续性等方面进行改造的话，也一定会出现更加安全舒适的公园活动空间。

靠公园道路一侧，地区消防团体的专用仓库被设置在其中，但是这个位置对公园的安全有着极大的负面影响。

学校与公园之间被树木和绿篱完全遮挡。为什么学校需要这样封闭的空间呢？

第七章　安全的公园

56　从设计管理方面加强防范性的公园 1

这个公园只有几公顷的面积，属于地区公园（图 63）。

像这样较大面积的公园，其内部的设施、树木也很多，每处都有可能成为需要进行防范保护的场所，从保护利用者不受伤害这方面看确实存在着一定的难度，但是这个公园却几乎没有发生过犯罪的行为。作为这种规模的公园，这种现象是极为少见的，也可以说它是个例外的安全公园，但只要你亲自到这个公园去看看，就会立刻明白其中的缘由。

公园安全的第一个要素是公园内的设施以及树木的设计与管理非常合理、科学。公园里有人工的缓坡草坪、流动的水溪，还种有

〔图 63〕

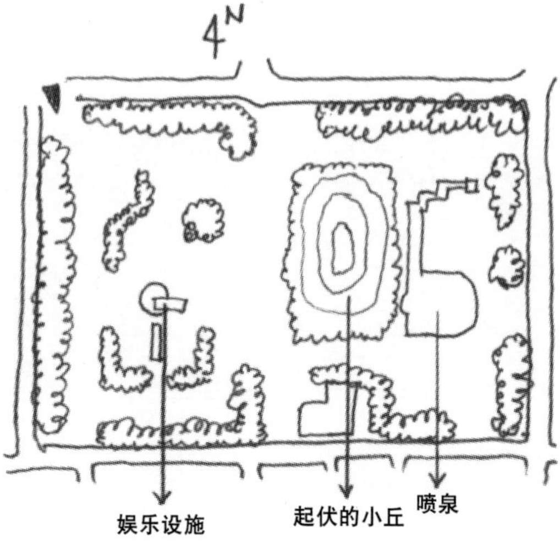

大量的树木，但是对于利用者来说，它却创造出了一个通透安全的空间，几乎很少看见超过常人视线高度的灌木植被，修剪整齐的灌木及高大乔木的分枝搭配得非常自然，从整体上看，既茂密又不影响人的视线。地形的起伏以及适度配置的灌木和高大乔木伸展的枝干，作为儿童游玩场所的“私密空间”，恰到好处地分布在园中。从防止犯罪行为发生的角度来看，这个公园无论是种植设计，还是设施配置都十分优秀，此外，从树木的管理情况来看，它也非常准确地反映和遵循了当初的设计意图，这在日本是十分少见的代表作。实际上公园内部存在着很多未经仔细推敲的小空间，树木养护管理不到位，人的视线不通透，较危险的空间普遍存在。在这种情况下，公园的设计和管理在防止危险犯罪场所出现方面似乎显得很薄弱，这一点急需得到进一步的改进。

公园安全的第二个要素是利用频率很高。园内无论什么时间都

公园内的树木无论是配置还是管理都十分良好，植被也很丰富，利用者的视线也没有被切断。

可以看到人群。经常能听到母亲和孩子们的欢笑声，特别应该注意的是周边居民的利用频率很高，并作为广播体操的集会场地，成为居民聚会的场所。正因为如此，应设置集会用台等设施。此外，白天还能看到来此打门球的老年人。

像这样有较大面积的地区公园，其利用者较分散，有时还设置了一些干扰周边居民活动的设施，所以周边的居民并不经常利用它。在与公园周边居民的关系上，地区公园与小规模的儿童游园、街区公园等在很多情况下是不一样的。公园虽然在面积上较大，但是由于周边居民积极地参与管理养护，经常保持小规模公园的亲密性就显得十分重要。无论公园的规模、种类如何，其利用状况起着非常重要的作用。对于今后公园的规划设计来说，这方面的经验应该得到充分的重视。“公园的活性化”或者说“更有效地利用公园”在这几年被关注的频率很高。公园的行政管理部门也对此进行了多方面

管理良好的公园内的树木。

公园内虽然高低起伏，但并不是单纯追求变化，所以儿童们的活动场景时刻都能被观察到。

的讨论。“更有效地利用公园”的中心话题之一是在大规模的公园中设置多种多样的诱导利用者游玩的附属设施。但是，周边居民的意见未能得到充分的反映，相反却出现了无视周边居民的日常利用的情况。从广义概念上的利用来说，管理政策的实施对公园的利用等当然有一定的促进作用。但是，公园是否安全与其规模及类型并没有根本的直接关系，而周边居民的日常利用、积极参与管理却是重要的因素，所以应该更加重视这一点。无论是什么样的公园，只有当周边居民经常利用、成为日常生活中一个不可缺少的场所时，它才能更加有效地防止犯罪的发生，成为真正意义上的安全公园。

在公园中部的小山上游玩的儿童们。

经常被周围的居民作为广播体操的练习场利用。

公园内正在玩门球的老年人。

当然，公园的忠实利用者总是这些儿童和他们的母亲。

虽然可能有些远，但是带着盒饭来公园游玩的儿童和母亲并不占少数。

57　从设计管理方面加强防范性的公园 2

这是较大规模的公园（图64）。尽管规模大，靠近周边的道路被茂密的树林包围，但是针对儿童的犯罪行为在此几乎从未发生过，因此它被称为安全的公园。

作为安全的公园要因，首先考虑的是公园管理事务所的存在。这里专门配备了管理公园的专业人员。这些日常公园管理专业人员的存在，使这个公园成为安全的公园。专业人员的工作主要是公园的管理运营。如果一旦发生了犯罪事件，他们会马上了解事件的情况，并采取一些适当的处理方式。

明治初期，国外在介绍日本公园时，不仅对公园的空间进行介

〔图 64〕

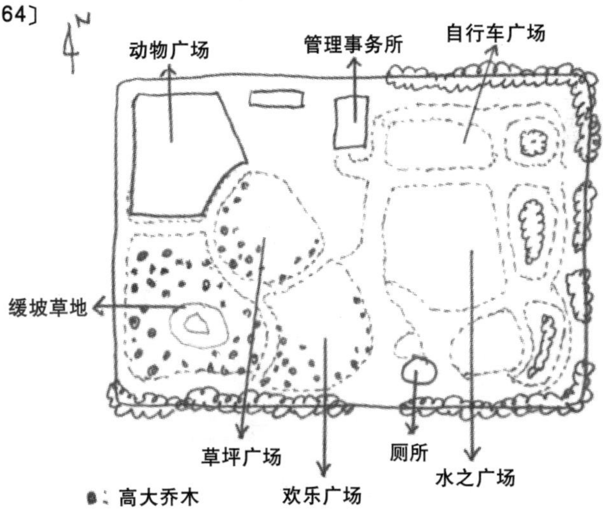

绍，而且还介绍了游人的交谈、游玩指导等教导员制度的导入。但不知从何时起，公园行政制度中对提供这样的公园空间渐渐被弱化。直到最近，东京都丰岛区才发现现有的公园管理人员制度在行政改革案中被废除了。为了使在公园游玩的儿童不受犯罪侵害，这些公园管理、运营专业人员的存在就显得尤为重要。其次，仅从防范的角度看还不够全面，给予逐渐丧失户外游玩机会的孩子们一定的支援以及作为地区社会教育与自然教育的关键，对地区公园的位置及能够担负这些责任的专业人员的配置等方面的探讨则有着更加深远的意义。另外，这些地区的老年人积极参与其中也非常重要。

这个公园安全的第二个要因是对公园内部不同空间的利用。这个公园的设施及树木在配置、管理上较完备，这与它有常驻专业人员是密不可分的。在利用者经常聚集的休息场所适当地配置遮荫的

在十分开放的广场上，利用者自由移动、停留的情景并不是很多。后面可以看到公园的管理事务所，公园安全性的关键主要就在此。

高大乔木及活动设施，并且将其他地方设计成视线通透、管理简便的场所。人们用于休息的场所与工作场所的空间构成方式是不同的，而能够完成这一不同功能的空间与公园管理的专业人员的存在是分不开的。

这个公园安全的第三个要因是公园的高频度利用群体的存在。前面也曾讲过，高利用率是保证这个公园安全的重要因素之一。

这个公园发生的惟一一起犯罪事件是在厕所，9岁的小女孩在利用厕所时被犯罪人偷窥。在欧美国家，公园内的厕所也存在着同样的问题。因此，对公园内的厕所在配置及构造上的改造显得十分重要。因此有必要设置与公园管理事务所邻接的附属设施，此外，还需要对防止犯罪未遂设施的设置进行进一步的探讨。

在公园外部周边的小路上，散步是一项十分有效的活动，虽然植被很多，但这里犯罪事件却很少发生。

在欢乐广场、草坪广场、缓坡草地等区域，很多利用者游玩一整天。

58　被邻接建筑物保护的公园 1

随着住宅小区的开发建设，公园作为附属设施被设置的情况并不多见。但是，在这种情况下建设的公园成为犯罪多发场所的事例却不少。图65被称为儿童游园的小型公园是一处从未发生过犯罪事件的安全公园之一。

其中的主要原因有以下几点。首先是与住宅小区之间的位置关系。这个公园在住宅建筑的南侧，也就是从各住户南侧窗户向外可以看见的地方。如果从该公园看住宅建筑，透过阳台便可以感受到每户居民日常生活的氛围。正因为拥有如此好的位置，公园的安全性才有了很大的保证。一般与住宅建筑一起建造的公园多位于阳光

〔图 65〕

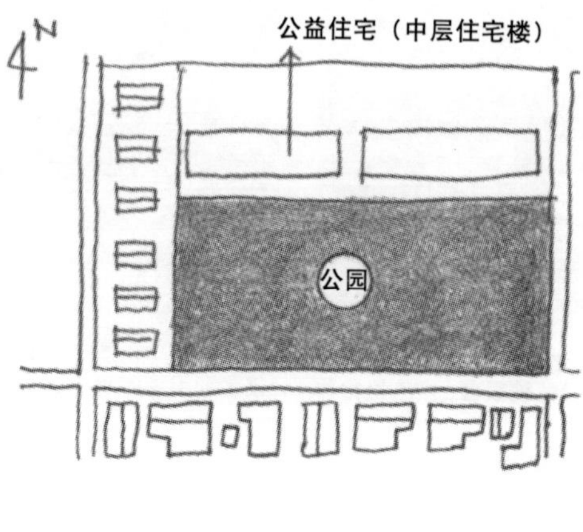

无法照射到的住宅建筑的北侧，而且大多与停车场一起建造，这类公园是当地典型的犯罪案件多发的危险空间。关于这方面的讨论，前面各章已经有较详细的论述。所以说，公园仅仅作为填充住宅建筑无法利用或不便使用的户外空间的附属设施进行建造的时代应该结束了。

第二个要因是与住宅建筑的规模、构造等方面的关系。本案中的住宅是4层建筑，是一栋大概30户，而不是数百户居民居住的高层住宅建筑。在这种小型住宅建筑中，居民极端强调私密性的要求并不是很明显。对外部空间的要求也不特别固定，阳台上不必要的遮挡构筑物也不是很多，这在大型高层住宅建筑中是很难想像的。

第三个要因是在这个公园里可以很明显地感受到住区居民日常生活的氛围。在这里，随处可见居民洗晒的衣物，还能不时看到居民日常生活的场景，听到居民的声音。

中层住宅楼的南侧有一处公园。像这样好的位置有一处公园的情况真是不多见。

住宅建筑与公园之间有2m左右的过渡空间。居民们在这里种一些低矮的花木，这些花木均由居民自己亲自参与管理养护，平时还经常可以看到到此浇水的居民。从公园一侧看去，这个过渡空间在交界处只设置了低矮的通透围墙。

这个公园虽有两侧邻接道路，但看不出它是为这栋住宅的居民提供服务的户外空间。在住宅建筑与公园之间几乎存在着一种不成文的规定，即对于住宅的居民来说，各住户是第一空间，公园与住宅建筑之间的种植空间是第二空间，公园的活动场所则是居民的第三空间。这些空间已经成为居民们自己生活空间中不可缺少的一部分，这种状况是自然而然形成的。第一空间是个人的私密生活空间；第二空间可称之为半私密半开放的有特性的户外空间；第三空间则更具有公共开放性，并不像从私密空间中分离出来的空间，而是具有居民自家前庭和公共活动广场空间双重意义的户外空间。从第一

居民的生活均面向公园部分，而公园也无形中成为居民生活空间的一部分。

公园充分考虑到周边居民，只设置了简洁低矮的围墙。

空间到第三空间，是从私密性向公共性的转化。对于居民们来说，作为与自己生活空间不可分的户外空间之一的公园，似乎无形中产生了固定的规则，凡是来公园的人自始至终都能感受到它。

这个公园并不只是为这栋住宅的居民提供服务。作为公共活动的休息场所，地区内的儿童和家长以及路过此处的人都可以利用它。即使住宅建筑以外的居民也不受歧视，遵守规则、自然平等的共处情景随处可见，充满了平和的气氛。

这个公园安全的第四要因是周边道路与交界部的植被。它充分考虑到人的视线不被遮挡，低矮的灌木与高大乔木枝干的配置构成了既有景观特色又通透，同时还可以保证户外活动安全的公园空间。

正因为上述要因，这个公园才可能作为住宅建筑的附属配套设施的一部分，成为一个很例外的无犯罪危险的十分安全的公园。

小公园与外围道路之间的植栽希望以简洁为准。

公园与周边道路间的种植。灌木与中高乔木的合理配植既不封闭，又保持适当的间距，管理上也较容易（其他公园的例子）。

59　被邻接建筑物保护的公园 2

与学校、图书馆、市政府、区政府等公共设施一起规划设计的公园十分普遍。这些公园因其设计的形式不同，又可分为安全的公园与危险性较高的公园两种。

图 66 的公园是与公共设施（图书馆和保健中心）一起规划建设的十分安全的公园实例。公园里的人很容易看到图书馆阅览室的读书者和管理事务所的工作人员，这些情景能使人充分感受到这个空间的人性化，孩子们在这里可以十分安全地游玩。公园与图书馆之间配置了低矮的花灌木和高大的乔木，但并不因此影响两空间的联系。来图书馆的人们可以欣赏到公园中植物的四季变化和孩子们天

〔图 66〕

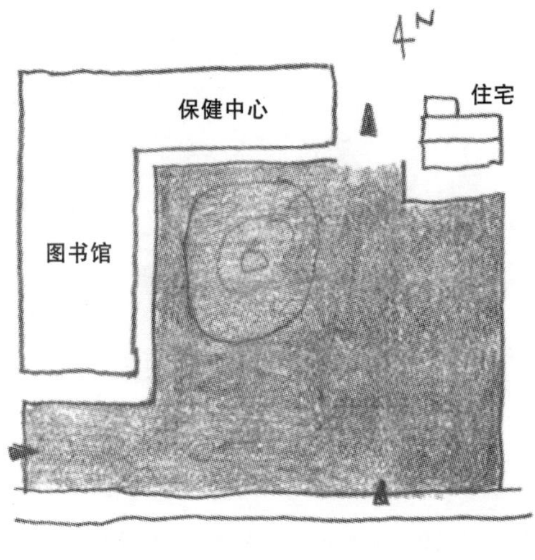

真的游玩场景，并从中得到更大的精神享受。两者的空间一体化使得公园具有良好的安全性，图书馆也能使人获得更舒适的空间感受。

在与公益设施一起规划的公园中，这样的实例并不是很多。公共设施使用地内的空间相互连接更加合理有效，但并不注重与周边外部空间的关系。公园也一样，它只考虑公园内部的合理完整性，与周边建筑物之间的关系考虑得也并不是很多。两者均是按同一规划设计的公共空间，但两者的空间应一体化这一意识并没有被重视。像这种邻接公共公益设施的公园，犯罪危险性较高的理由此前我们已经讨论过，但本公园却是一个例外。

本公园安全的第二个要因是公园整体的树木管理，主要是从防范角度上考虑的。公园与道路连接处种植的花草灌木得到了很好的管理，公园内游玩的儿童与道路上行走的行人之间保持着通透的安全视线，公园内部的树木得以精心养护和管理，高大乔木的枝条也

从图书馆可以看到人们在公园游玩的情景，从公园也能看到图书馆的利用者。两者之间相互借景，增强了自己场所的舒适性。

被进行了精心的修剪。所以说，人的视线不会因为树木枝条的伸展而被遮挡，花草灌木不用密植的栽植方法，而是很自然地疏密有序地分布其中。公园里的人工起伏地形上还种植了较多的树木，满眼绿色，但从整体上看，它并不很封闭，而且空间通透性非常好。正因为如此，树木养护管理对空间的安全性起着至关重要的作用。

本公园安全的第三个要因是与周边邻接的居民之间的良好关系。这个公园北侧的一部分与当地原有的居民住户相邻，这些住户对公园来讲并不是封闭的。住户的外部空间与公园的空间相连接。公园北侧的空间由于这些住户的存在，显得十分安全。图书馆精心养护管理的树木确保了公园的安全。从居民方面来说，公园成为他们日常生活场所的一部分，而从公园方面来说，居民的存在给此场所带来了更多的安全感，这是一个十分典型的实例。

精心管理与周边道路连接处的种植。

安全、景色美丽的公园也为邻近的居民创造出一个良好的环境，从而相互间的关系更加紧密。

60　被邻接建筑物保护的公园 3

对于在公园游玩的儿童来说，防止犯罪行为发生的最有效方法之一是处理好公园与周边邻接空间的关系，这个问题我们在前面已经论述过。如果邻接空间是一般私人住宅的话，比起公共住宅建筑及图书馆等公共公益设施来，创造良好的空间关系要困难得多。一般来讲，私人住宅的住户对邻接的公园空间更多地保持封闭的状态。由公园利用者的不确定性引起的犯罪，其危险性与公共住宅或公共公益建筑等的情况有所不同，应针对每个个体的不同情况进行防范对策的思考。

图 67 的实例，由于与周边邻接建筑物保持着良好的关系，所以

〔图 67〕

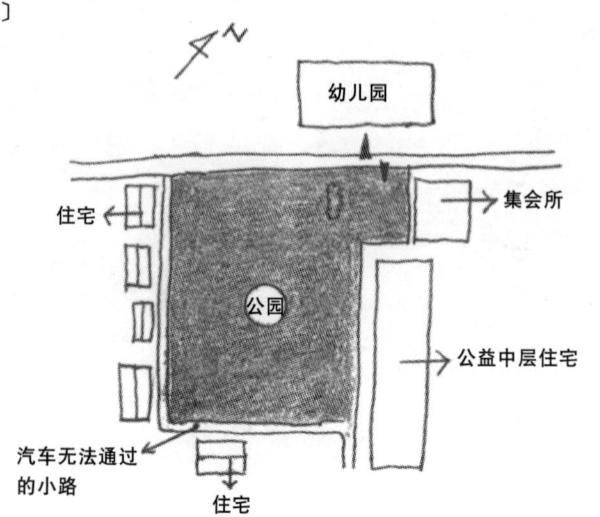

很少发生犯罪案件。这个公园的西、南两面与私人住宅相接，其间有小路相通。这几家私人住宅虽然都由不通透的围栏将自家空间与公园相分隔，但是其高度均控制在人的视线以下。从私人住宅不能随意进出公园，公园的种植既考虑到住宅的需要，又考虑到公园内部使用空间的需求。住宅一层和二层的阳台上都摆放着盛开的鲜花，公园使用者可以从公园里看到周边住宅季节不同的盆花，就好像欧洲大部分都市景观一样，园艺花卉盛开。住宅居民还经常到阳台为盆花浇水或晾晒衣物，所以很容易注意到公园里儿童游玩的情景。公园与这些邻接的私宅之间如此良好的空间关系在大多数情况下是很少见的。

此外，在公园的出入口有一个集会场所，它也是这个公园的安全要因。正因为经常有地区的居民来此集会，才增加了该公园的安全性。在公园的北侧，有一条4m左右的道路，另一侧是幼儿园。这

从公园的入口看公园及西侧的住宅。两者之间没有任何遮挡物，住宅对公园来说也很开放。

个幼儿园的南侧是独立的小庭园，从幼儿园的办公室很容易看到公园的全景。幼儿园的出入口也面向公园一侧。由于集会所及幼儿园等公共公益设施的存在，公园的安全性得到了很好的保证。

与公共住宅建筑之间的良好关系还表现在公园东侧的中层公务员宿舍。这个公务员宿舍面向公园，从室内透过窗户和阳台可以很清楚地看到公园里游人活动的情景。

正因为上述各种要素，这个公园才成为十分安全的公园，而且它还有其他公园完全不具备的特征，这就是与邻接住宅建筑良好的空间关系的存在。保持怎样的关系才能达到和这个公园一样的效果呢？一句话，就是无论公园还是住宅，两方面共同协助创造良好安全的空间环境是最基本的前提条件。这一点我们放到最后去讨论，但是有一点较为明显，那就是两区域之间均有不通汽车的小路。公园与住宅之间并非直接相连，而是通过一条小路连接在一起的。这

公园和住宅之间有一条无法通车的小路，砖墙也很低。

些小路被认为是缓冲两者之间良好关系的重要要素。另外，由于集会所、幼儿园、公共住宅等周边建筑物的存在，公园的安全性得到了良好的保证，这也是导致周边私宅居民处理好与公园空间关系的最重要的条件之一。这样一来，保持公园与周边邻接建筑物之间良好的空间关系就显得更为重要，只有这样才能获得安全的公园空间。正是因为有这样的良好关系，更加安全的公园空间才会有良好的循环。首先，建造安全又令人感到亲切的公园会使邻近的居民敞开心扉，同时也能促进安全性和良性环境的形成。

公园不是与周边居民生活空间分离的、背向的独立空间，而是为了使地区住宅的居住环境得到更加良好的改善，为此公园与周边邻接空间良好的互动关系是创造邻接空间最关键的条件之一。

两者之间由小径相连，相互之间并没有设置又高又大的围墙。居民住户的一层和二层摆有美丽的盆花。

公园北侧有一条道路，对面是幼儿园。幼儿园面向公园而建。

公园的入口处有集会所、经常有地区的居民来此集会。

61　被邻接建筑物保护的公园 4

在这里我们继续给大家介绍一个在邻接私宅建筑的情况下，公共住宅与公园良好空间关系的建立使得犯罪事件很少发生的实例，见图 68。

这个公园安全的要因之一是公园出入口处店铺的存在。公园出入口的两侧分别是鱼店和洗衣店。这一场所的店铺可因其规模的大小及店铺种类的不同，对公园的安全性产生好坏影响的可能性都存在。但是这里的鱼店和洗衣店对公园安全性的提高始终起着积极的作用。

鱼店、蔬菜店、肉店、洗衣店、花店等一些日常生活不可缺少

〔图 68〕

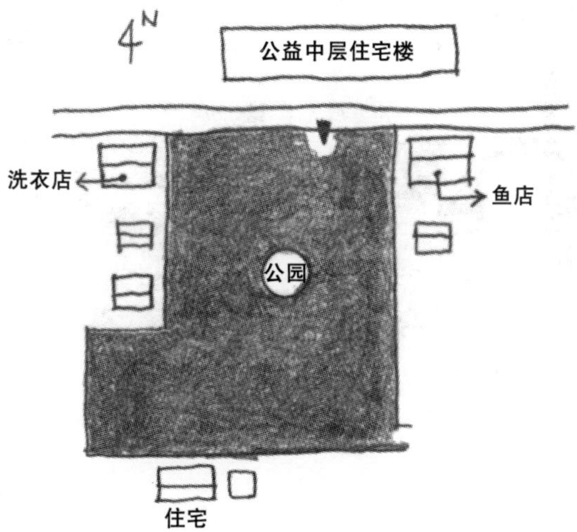

的店铺，其消费人群以本地居民为主，该地区经常被利用的店铺对儿童活动场所及地区的安定起着积极作用。像这样的店铺，一般规模均不是很大，大多数店铺的主人也是当地的居民。本地区孩子们的现状经常成为他们日常生活中的话题，相互间的信息交流也较为普遍。

充分利用这些店铺的活力，比单独建造一座市民交流中心更有效。对于在公园里游玩的儿童来说，店主及来店的消费者都可能是相互认识的周边居民。如果是外来者，会很容易引起其他人的注意。与此相比，超市等大规模的商店防止犯罪的能力要减弱很多。关于怎样防止地区内的儿童不被侵犯的问题我们已经在前几章讨论过。这里就不再叙述了。

第二个要因是公园北侧有一条道路通过，而且其另一侧是中层的公共住宅建筑。公园南侧也有一座公共的中层住宅建筑。这些周边的邻接建筑物对公园的安全起到了极大的促进作用。这一问题在

公园出入口左侧有鱼店，实际上起到了保护儿童的作用。

同样是在右侧，还有洗衣店。

前几章中也多次讨论过。

此外，公园南侧邻接的私人住宅也都是面向公园成开放式的，二层部分也是面向公园的开放式住宅。这是提高公园安全性的第三个要因。

这处私人住宅将公园作为自己的中庭，进行了很巧妙的借景。这种处理方法应该说是一个十分少见的特例。由于私人住宅的存在，从另一方面起到了保护儿童、防止犯罪的积极作用。这对于地区的安全也起到了积极的作用，但是当初规划时私宅建筑是否考虑到了这些问题，这里并不十分清楚，这也是将来需要继续研究的一个重要课题。但是，在提高了公园安全性的同时，公园也为私宅提供了一处自然的户外景观，这的确是一个极好的实例。

邻接的私人住宅与周边的公园能够形成良性空间关系并不是一件容易的事，这一点还需要在今后的实例研究中进行深入的分析与探讨。

公园的南侧有向公园完全开放的私人住宅。从中可以时常欣赏公园美景。

62　被利用者守护的空间1（公园）

公园作为最初的都市开放空间，为了防止犯罪事件的发生，考虑空间的配置、内部的构成、邻接空间的关系等方面的因素是非常重要的。但是，从另一方面来讲，利用者对公园的利用也能提高公园的安全性，我们在这方面也有可以改善的余地。

图69就是从这方面进行考虑的实例。这里是东京都公益住宅区内楼与楼之间的公园空间。这个公园从未发生过犯罪事件。北侧道路的对面是高层的公益住宅，那里是犯罪多发的场所，两个空间形成了鲜明的对照。

这个公园犯罪案件未曾发生的原因可以从以下几点进行分析：

〔图69〕

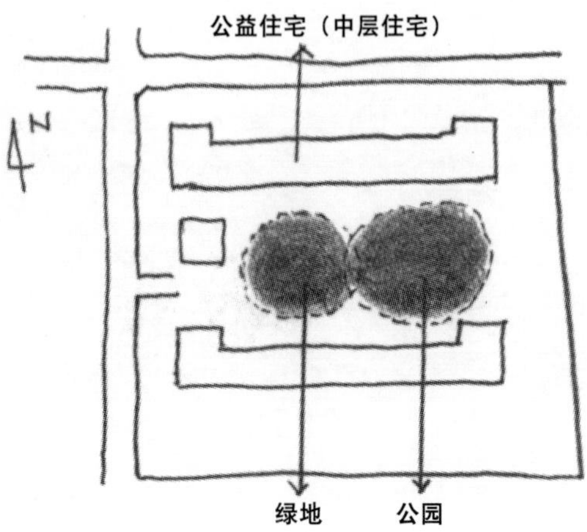

首先，这个公园能够满足居民多种多样的要求，通常利用率很高。经常会有几位居民聚在一起举行小型午餐会。一般情况下，如果没有特别的许可证明，这样的活动是无法进行的。这个公园由小区管理委员会统一管理，这种活动是居民在自己的庭园前面应该开展的活动，这种权力人人都有，虽然其他小区的居民能否利用这个户外公园空间的规定还没有明确，但是从整体上讲，这些活动均属于小区居民在自己庭园前面进行的多种形式的利用活动的一部分，正因为如此，这个公园才成为十分安全的户外活动公园。儿童游园、街区公园原本也应该是这样的一种利用模式。只有推广这种利用模式，公园这种户外交流活动的场所才能得到更安全的保证。

第二，老年人利用率很高。老年人被称为地区保护神。这个公园由于健康老年人利用群的存在，从某方面讲无形中起到了保护本地区儿童的作用。这种作用并不只局限在本公园内，只要是当地富有活力

中层的公益住宅与其南侧的公园。

的老年人聚集的公园，就会成为安全的公园，这种倾向在本地区十分明显。正因为如此，公园在利用时将老年人与儿童活动区分开的做法似乎有一些不妥。老年人进行体育活动的专用空间除了门球场等以外，孩子们游玩后凹凸不平的场地是否也可以考虑作为此类场所。

第三，东京都公益住宅的规模大多在百户左右，居民之间的交流非常活跃。5层高的中层住宅建筑的住户数不算多，居民的日常生活交流十分普遍。居民还组成了防范安全巡逻队。由于居民对公园及住宅周边的积极管理，对住宅区规模和住户数等的适当设定同样可以改变以前所谓中高层住宅区较难形成安全的户外公园活动场所的定论。从这一实例中我们可以看到，只要有适当的规模和住户数，无论是中层住宅还是高层住宅，均有可能创造出安全的公园空间。

这个公园的中层住宅在其南侧。这样就更容易促进公园安全空间的形成。拥有这些有利条件，这个公园成为十分安全的公园是理所应当的事情。

在公园一旁的绿地，小区内的居民准备户外野餐。

63　被利用者守护的空间2（道路）

日常生活中不可缺少的场所和活动空间除了公园以外，还有不通车的小路，利用这里的居民使得这个公共的开放空间变得更加安全。图70的道路就是其中的一种开放空间。

这条道路是与商店街相交的几条道路中的一条。与这条商店街连接的道路有多条，既有经常发生犯罪的道路也有未曾发生过犯罪的道路。商店街周边的道路容易发生犯罪的原因我们在此前已进行过充分讨论。这里讨论的实例是未曾发生过犯罪的道路。

其中最主要的原因是这条道路通向周边的所有邻接住户。道路各处都有盆栽的花草。在面向道路的窗口或入口处可以看到窗帘和

〔图70〕

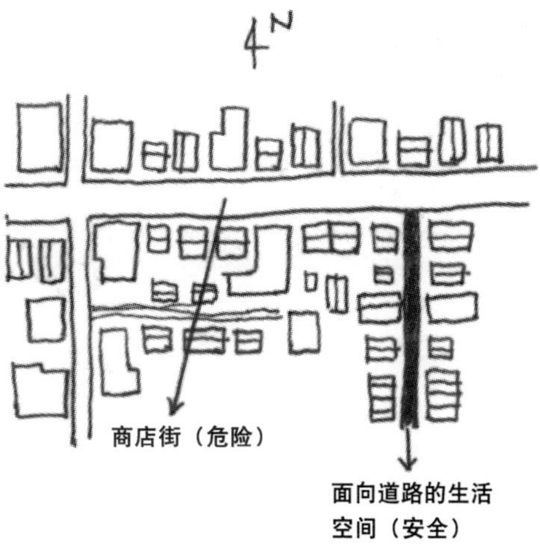

风铃，还经常有站在道路上交谈的居民。正因为如此，从外面来的人只会通过这条道路，而不会长时间在此停留。通常情况下，道路被认为是极容易发生犯罪的场所，实际上这条商店街的多条道路经常有犯罪案件发生。而惟一不发生此类案件的道路是在当园路作为居民日常生活场所户外空间的情况下，由于居住者的使用，例如在此交谈和休息等活动，都使得这条道路的安全性得到了极大的提高。

与商店街直交的道路，实际上成为居民日常生活空间的一部分，同时也起到了保护儿童的作用。

结束　面向孩子们的安全城市

犯罪的概要

通过对孩子们的询问，到孩子们遭遇危险伤害的地方进行现场调查以及借助图片和照片进行介绍，我们获得了犯罪现场空间的知识。调查的主要事项有：

· 受害的种类（遇到了什么事）

· 受害时的年龄（多大的时候）

· 受害的时刻（哪个月的几点钟左右）

· 受害时的状态（在做什么时遇到伤害）

· 受害时的人数（有多少人的时候遇到伤害）

· 对加害者的认识程度（到现在为止是否被人发现？）

· 加害者的属性（性别和年龄）

为了得到所说的关于犯罪的普通知识，我们也做了研究。下面将对此进行介绍。

受害的种类

根据孩子们的实际情况填写的调查表，对实施恐吓和威胁等的

各年龄遇到犯罪的次数及其比例

	3岁以下	4岁	5岁	6岁	7岁	8岁	9岁	10岁	11岁	12岁	不明	合计
男	1 (0.1)	4 (0.6)	9 (1.3)	20 (2.8)	41 (5.7)	85 (11.8)	135 (18.7)	189 (26.2)	156 (21.6)	67 (9.3)	14 (1.9)	721 (100)
女	0	3 (0.3)	13 (1.3)	23 (2.3)	60 (6.1)	119 (12.1)	183 (18.6)	258 (26.1)	214 (21.7)	93 (9.4)	21 (2.1)	987 (100)
合计	1 (0.1)	7 (0.4)	23 (1.3)	43 (2.5)	101 (5.9)	204 (11.9)	318 (18.6)	447 (26.2)	370 (21.7)	160 (9.4)	35 (2.0)	1,709 (100)

（性别不明 1）　　单位：件（%）

“暴力犯罪”；搞性恶作剧、公开猥亵等的“色情犯罪”；偷盗自行车和金钱以及贵重物品等的“盗窃犯罪”做了很多分类，并试着对它们各自的特征进行了分析。

暴力犯罪与色情犯罪直接对身体施加的危害占全体受害对象的55%，盗窃犯罪则占45%。男子和女子的受害情况有很大的差异。对女子的色情犯罪超过了受害总数的一半，而对男子的色情犯罪占据的比重则呈现出很大的倒退，与此同时，暴力犯罪却占据着很高的比重。女子大多遇到性犯罪，男子则大多遭遇暴力犯罪。

盗窃犯罪虽没有性犯罪占据的比重高，但在日本的城市，人们从孩提时代起就经常遇到偷盗金钱和贵重物品的犯罪案件。

受害时的年龄

孩子们在多大时最容易遇到伤害呢？

在对小学四、五、六年级的孩子们进行“多大时遇到了什么伤害？”这一过去体验的调查中。对于四年级以前的体验，所有的孩子都给予了回答，不过，对于五年级和六年级的体验，因为有的孩子还没有达到那个年龄段，因此需要考虑到这个年龄层样本数少这一事实。

如此看来，孩子们受伤害的现象是从8岁左右变得突出，10岁左右达到顶峰。一般认为，从小学四年级开始，孩子们的生活领域就已经扩展到父母的视线达不到的地方。在小学低年级，孩子们以自己家及其周围为中心游玩；到了三、四年级，孩子们的日常生活圈开始扩展至整个学校区域；而到了小学高年级，这样的生活也就应该完全固定下来了。

当孩子们茁壮成长、在地域开始生活的时候，很容易受到危险的伤害。无法安心地让从学校返回的孩子“在外面好好地玩耍”的现实情况还是存在的。到了这个年龄，孩子们开始过着往返于学校私塾等夜晚型的生活，会更加促进这种倾向。这种倾向在犯罪的种类和性别上不会有太大的差别，而是具有全面的共同点。

受害的时刻

孩子们在一年当中的几月份最容易遇到伤害呢？

对暴力犯罪来说，一般8月是案发高峰，1月和2月也是案件的多发季节。寒假和暑假期间，由于孩子们经常在户外游玩，也非常容易受到伤害。正因为如此，PTA和儿童会、培养会等培育孩子们的组织在地域里实施巡逻。不过，就时间与场所而言，巡逻活动都

各月的暴力犯罪发生次数及其比例

	1月	2月	3月	4月	5月	6月	7月	8月	9月	10月	11月	12月	不明	合计
男	19 (8.8)	21 (9.7)	6 (2.8)	12 (5.5)	12 (5.5)	10 (4.6)	15 (6.9)	24 (11.1)	23 (10.6)	17 (7.8)	17 (7.8)	11 (5.1)	30 (13.8)	210 (100)
女	10 (9.3)	7 (6.5)	0	2 (1.8)	5 (4.6)	6 (5.5)	9 (8.3)	10 (9.3)	7 (6.5)	10 (9.3)	8 (7.4)	7 (6.5)	27 (25.0)	108 (100)
合计	29 (8.9)	28 (8.6)	6 (1.9)	14 (4.3)	17 (5.2)	16 (4.9)	24 (7.4)	34 (10.5)	30 (9.2)	27 (8.3)	25 (7.7)	18 (5.5)	57 (17.6)	325 (100)

单位：人（%）

各时间的暴力犯罪发生次数及其比例

	7～9	9～11	11～13	13～15	15～17	17～19	19～21	21～23	23～7	不明	合计
男	4 (1.8)	8 (3.7)	9 (4.2)	30 (13.8)	90 (41.5)	46 (21.2)	10 (4.6)	7 (3.2)	1 (0.5)	12 (5.5)	217 (100)
女	3 (2.8)	1 (0.9)	5 (4.6)	14 (13.0)	48 (44.4)	22 (20.4)	3 (2.8)	4 (3.7)	1 (0.9)	7 (6.5)	108 (100)
合计	7 (2.2)	9 (2.8)	14 (4.3)	44 (13.5)	138 (42.5)	68 (20.9)	13 (4.0)	11 (3.4)	2 (0.6)	19 (5.8)	325 (100)

单位：人（%）

是固定的。这一时期，地域的大人们对孩子们的生活给予了充分的关注。从调查的结果看，这种活动不仅是恰当的，而且我们还希望活动内容更有效果。利用这样的机会与孩子们在一起，说不定对检查地域环境更有益处。

我想以孩子的生活体验和大人的眼光为基准，将在地域中预测到的（或者是实际发生的）危险的犯罪地点进行筛选，与大家一起研讨改善策略。通过这样的研讨，期待着保护孩子免遭侵害的活动在取得实效的同时，还能成为全年性的活动。

孩子们在一天里受害最多的时间段是从下午 3 点左右到 5 点左右。不管是暴力犯罪还是色情犯罪，多于四成的犯罪都集中在这个时间段。七成以上的犯罪应该集中在下午 1 点到 7 点的时间段。

由于日落的关系，我们可以想像到冬季的重点是在这个时间段的前半部分，夏季则是在后半部分。这个时间段对孩子来说是放学后一天中最快乐的时间。同时，他们遭受侵害的危险性也是最高的。与暴力犯罪和色情犯罪相比，盗窃犯罪具有很多人不知道受害时间这一特征。因为很多人都是自己不在现场时遇到侵害的，所以时间不容易确定。

受害时候的情景

孩子们在做什么时容易遇到伤害呢？

在暴力犯罪方面，超过 1/3 的孩子是“在玩的时候”受到伤害的，其中也包括在往返于游玩场所时。游玩是孩子们最快乐的、也是最容易遇到危险伤害的生活时段。其次是在“上下学的途中”和“补习班的往返途中”。在这些各自的生活时间段里，孩子们也受到大于一成的伤害。但我们无法从中看到来自于性别的差异。

在色情犯罪方面也看不出大的性别差异，不过，集中度已稍稍降低，“在玩的时候”、“上下学的途中”和“补习班的往返途中”的各自所占比例提高到近二成。这个倾向对男子尤其显著。它说明了色情犯罪在孩子们生活的广大领域里都是存在的。

关于盗窃犯罪，孩子们“在自己家和学校等建筑物内的时候”（调查票是“其他”）占据着近半数。其次是“在玩的时候”大于二成，而“补习班的往返途中”则大于一成。在这里也无法看到来自于性别的差异。

受害时的人数

与多少人在一起的时候最容易遇到伤害呢？

各生活行为的暴力犯罪发生件数及其比例

	玩耍时	等人时	休息时	上下学时	购物途中	往返补习班时	其他	不明	合计
男	83 (38.3)	7 (3.2)	9 (4.1)	30 (13.8)	23 (10.6)	23 (10.6)	39 (18.0)	3 (1.4)	217 (100)
女	43 (39.8)	6 (5.6)	3 (2.8)	14 (13.0)	9 (8.3)	14 (13.0)	19 (17.5)	0	108 (100)
合计	126 (38.8)	13 (4.0)	12 (3.7)	44 (13.5)	32 (9.8)	37 (11.4)	58 (17.9)	3 (0.9)	325 (100)

单位：人（%）

在一起时的暴力犯罪发生次数及其比例

	自己一人	2人	3人	4人	5人	6人以上	不明	合计
男	63 (29.1)	48 (22.1)	30 (13.8)	31 (14.3)	8 (3.7)	33 (15.2)	4 (1.8)	217 (100)
女	22 (20.4)	35 (32.4)	16 (14.8)	15 (13.9)	9 (8.3)	9 (8.3)	2 (1.9)	108 (100)
合计	85 (26.2)	83 (25.5)	46 (14.2)	46 (14.2)	17 (5.2)	42 (12.9)	6 (1.8)	325 (100)

单位：人（%）

就暴力犯罪而言，每四个孩子中就有一人是“在一个人的时候”遇到伤害的。“在二人的时候”也占着同样的比率，即在一人或者二人的时候遇到伤害的比率超过半数。

可这并不是说只要和许多人在一起就会变得很安全。接近半数的受害者是“在和三人以上的时候”遇到伤害的。特别是大于一成的伤害是“在和六人以上的时候”发生的。恐吓等暴力犯罪案件在有相当多人的时候也发生过。

在这种倾向中，我们能看到来自于性别的差异。不过，男子“在一个人的时候”和“六人以上的时候”占据着较高的比率，从与受害时在场的朋友人数之间的关系，我们可以推测出其中存在着种种类型。与此相比较，女子的情况是，“二人”以内占过半，此后，随朋友的人数增加，比率下降。很明显，朋友的人数与安全是相关的。

色情犯罪则显现出与暴力犯罪不同的倾向，“在一个人的时候”占据着近四成，如果加上“在二人的时候”，可达到近七成。朋友的人数在增加的同时，犯罪比率会降低。可以说色情犯罪的绝大多数是“在一人或二人的时候”发生的，那时，在一起的朋友人数应该与伤害的发生有着很大的关系。在这个倾向中看不到来自于性别的差异。

对于盗窃犯罪而言，在人数增加的同时，孩子们遇到伤害的比率也在下降。可是，寻求在遇到伤害时的人数和伤害之间的相关关系是不可能的。

对加害者的认识程度和属性

对孩子们实施犯罪的加害者是什么样的人呢？如果试着描绘加

害者形象的话，就会浮现出意外的身影。

让我们看看色情犯罪的例子。首先是对加害者的认识，不过，“没有见过的人”占八成，“经常看见的人”仅占近5%，再加上“偶然见过的人”，见过的人总共也没有二成。作为来自于性别方面的差异，男子在“没有见过的人”中所占比率超过七成，使这一比率稍稍下降，但在全体的倾向方面还是不能看到大的差异。而针对孩子们实施的犯罪，“没有见过的人”应该比“见过的人”更容易引起人们的注意。

加害者的属性，最多的是成年男子〔表中是“大人（男人）”〕。他们占据着大于七成的比例。接着是“高中生年龄段”，占据着大于一成的比例；“高龄者（老人）”占小于一成。大多数对孩子们实施的犯罪都是由成年男子引起的。

色情犯罪受害者对加害者的认识程度

	经常见过的	偶尔见到过的	没有见过	其他	不明	合计
男	5 (6.2)	13 (16.3)	58 (72.5)	2 (2.5)	2 (2.5)	80 (100)
女	23 (4.4)	64 (12.0)	429 (80.6)	7 (1.3)	9 (1.7)	532 (100)
合计	28 (4.6)	77 (12.6)	488 (79.6)	9 (1.5)	11 (1.7)	613 (100)

（性别不明1） 单位：人（%）

从色情犯罪受害者方面看加害者的年龄层

	小学生左右	中学生左右	高中生左右	大人（男）	大人（女）	老人	其他	不明	合计
男	3 (3.8)	2 (2.5)	6 (7.5)	47 (58.7)	2 (2.5)	18 (22.5)	0	2 (2.5)	80 (100)
女	3 (0.6)	19 (3.6)	66 (12.4)	396 (74.4)	3 (0.6)	34 (6.3)	2 (0.4)	9 (1.7)	532 (100)
合计	6 (0.9)	21 (3.4)	72 (11.8)	444 (72.5)	5 (0.8)	52 (8.5)	2 (0.3)	11 (1.8)	613 (100)

（性别不明1） 单位：人（%）

将加害者的身影与认识度和属性叠合描绘的话，“没有见过的成年男子”的身影就会出现。对孩子们的大多数伤害不是由所谓地域中的流氓和在公园聚集的人实施的，而是由没有见过的成年男子造成的。

在受害现场进行实地调查的时候，虽然不是午休时段，却能经常在公园和广场见到穿西服的上班族垂头坐在长椅上的情景，有时候还能看到紧握自己的手发出怪声的系着领带的成年男子和发呆似地抱着自己的皮包闭着双眼的上班族。这个竞争社会反映了感到生活痛苦的大人们的现实的一面。在急剧的经济不景气中，被卷进竞争旋涡的许多成年男子（其实不仅仅是男性，也有女性，只不过更多的责任是由成年男子背负着）始终处于紧张状态。这种紧张状态是一个泄水口，会转向对孩子们的伤害。当然，不是所有生活在紧张状态社会的人都寻求将此作为排泄口的。可是，在所有侵犯孩子的案件中，有3/4应该是由“没有见过的成年男子”引起的。

对于在日本的城市，所有的孩子都与受害的危险性共处这一事实，我们在前面已有所指。不过反过来说，在处于极端紧张状态的社会中，所有的劳动者都是在对以孩子们为主的弱者施加伤害的状况下生活着。至少，不指出危险性是不行的，因为一旦极端的紧张状态超越了个人处理界限的时候，这些人就会面向弱者寻找排泄口，那时，孩子就成了他们的饵食。

面向安全城市的建造

应该怎样在人类犯罪中保护人类这一课题，是20世纪城市的一个很大的矛盾。

建造所谓的安全城市是个极为综合性的课题。每个人生活的应有状态；生产、劳动和教育的应有状态；有关邻近社会的社会制度和组织的应有状态；所说的以警察为首的防止犯罪的专业组织的应有状态；城市空间的设计、建设和管理的应有状态等等，人类必须对以上这些进行全面的讨论。同时，就是被限定的城市空间问题，也不能只从防范的视角去讨论，而是有必要从关系到各自空间的所有机能的方面来研讨。如果只是单纯从防范的视角规定空间的话，其他的机能就会下降，就会产生没有生活感的空间，防范上也会产生负面影响。因此不将这一讨论作为前提是不行的。

可是，这一讨论也并非绝对否定从城市空间的表面来验证犯罪问题。原因是加深犯罪问题的综合性是与有关个别领域的专业性相连的。只从空间的侧面研究犯罪问题存在的不足，是可以通过对其他领域进行综合讨论加以克服的。在事先对此加以确认的基础上，本文最后通过对所做的每个不充分的调查与验证，就“面向安全的城市”提出了一些建议。

看全体城市的部分设计

不管从什么空间（街道、小学校、地区、市镇村等）来看，城市都是由一个个的建筑物和公园、道路等构成的，它们都是城市的部分（零部件），每个零部件都有各自的机能。

对所有设施都应该进行两方面的讨论。不过，也有不少是在只考虑各自固有机能的情况下建造的。从局部来看，它建造得极为出色，但作为集合体的城市却变得缺乏统一性。因此，无论将零部件擦得多亮，如果组合不好的话，都不会产生出好的产品——城市。为了建造好的城市，对各零部件的作用怎样组合是进行全面重新评估所不可缺少的。

无论是公园和道路的开放空间还是住宅和公共设施的建筑物，其自我完成的倾向都是极强的，但现在还缺乏建造与周围空间相和谐的城市这一规划的意向。如果对这一点加以改善的话，城市就会变得更加安全舒适，各个设施互相发挥相乘效果，就可能达到与环境的协调。如果要从到现在为止的讨论中找出这样的事例，则有公园与邻接公共公益设施的问题、道路与沿途住宅的问题、通过区域规划整理先期建造的公园与此后建造的周边住宅的问题、由于高层化仅将一楼部分简单利用的建筑物与周围开放空间的问题。解决这些问题的第一步，是将空间从私的部分向公的部分敞开。从私的部分经过半私的（半公的）部分去连接公的部分这一方法是有效的。这个半私（半公）部分的设计和管理具有重要的意义。

在这一点上，大学专家的教育方法也有问题。首先，他们只是在用地中考虑各自设施的设计。例如建造公园时，仅在给予的用地内考虑怎样做栽植、怎样搭配娱乐设施、怎样建造广场等课题。实际上，这个公园在什么样的地方布局、周围的空间状况是怎样的、它们之间的关系如何，以及这个公园被赋予的地位，将这些必要机能作为空间来表现的教育是必要的。估计在建筑物和道路等场合也是同样的吧。

将零部件综合化已经成为不仅在空间，而且在日常生活中也必须再次考虑的课题。本来应该是综合性的生活，却在被限定的零部件上分散地进行。如果将所说的教育在学校、买东西在超市、体育在练习场、小组活动在集会设施这些零部件进行分类，就会发现各自零部件的单一机能正在被纯化。而所说的地域商店街不仅有菜铺和鱼铺，而且还酝酿着集购物、教育、散步和交流活动于一身的复合性的机能却正在被人们所抛弃。因此，有必要对一个空间建立在日常生活上的复合性机能的有效性进行重新评估。

生活被一个一个的机能细分化，空间被纯化，如果仅从各自机能看的话，一般认为是进步的；但如果从生活者角度看，不相关空间的存在则意味着它的机能正从生活中丧失。如果不去学校就得不到有关孩子们受教育的信息；如果在地域中没有集会设施就不容易交友。所以，一个具有各种各样机能的空间，应该在获得对生活必要的各种信息和由此扩大生活领域和行动这两点上是有效的。对于把地域当作生活据点的孩子们而言，将作为复合机能集合体的地域进行再生和活性化是极为有效和必不可缺的，它与保护孩子们免受伤害也是密切相关的。

人是靠人来保护的

保护受害者免遭犯罪侵害的工作是要靠人来做的。对孩子们实施伤害的是人，保护孩子们的也是人，就像一旦避开了与人相关的东西，无论是日常生活还是城市建造都将变得无效一样。我试着从这个视角出发举几个事例吧。

无论是从地域水平还是从设施水平来看，目前都呈现出过少化的迹象。我们可以看到居民数急剧减少的地区出现了几乎无人化的设施。飞速发展的信息社会也加速了生活的室内化。人们的购物和游玩等活动几乎都在室内进行，在室外的机会逐渐减少。同时，高层集合住宅等生活空间的巨大化也使得邻里社会的人际关系变得越来越疏远，人际关系的弱化以及人们确保隐私要求的增强也通过各种各样的方式阻碍着与外部空间的联系。

将城市作为许多人工作、学习、享受生活的地方进行复兴，需要重新考虑“如何把人们的生活变得更加丰富”这样的观点。不是将所说的信息化仅停留在经济活动新领域的开拓水平上，而是为了丰富人们的生活有必要加以活用。在人的生活，特别是孩子们的生活中，信息化是需要有一定规则的。在那里如果不重视更原始纯粹的体验是不行的。这种体验的展开是在城市这个空间进行的，对城市这个巨大生活空间的建设也需要重新考虑、重新评估。只重视经济效率和合理性城市的建造是不行的，人的生活有与其相适合的空间和规模，如果超越那个规模，就很难搞好与别人的关系，人的生活就会变形。

需要重复的是，保护受害者免受伤害的工作也是要靠人来做的，不要用封闭的方法只将自己的空间保护好，而是根据保证每个人都能更容易外出这一点来保护城市的全体。作为它的第一步，我想对地域中的老年人寄予期待，实际上，有健康老年人的城市对孩子们来说也是安全的城市。

希望爸爸们结束每周日扛着高尔夫球棒破坏自然环境的生活，改为在地域中散步，或与朋友和孩子们一起玩耍。也希望妈妈们出来到地域中与朋友们一起享受生活。

重新对公园进行再评估

最后，我想提倡“用地域居民的手重新评估现有公园”这一国民运动。

在我国过度密集化的城市里，公园是极为重要的开放空间，不过，正如我们已经反复讨论的那样，它也存在着许多问题。

公园应寻求通过地域居民的手来赋予它适合的地位和作用。那时，从使用方便与防范这两个视角出发来推进地域居民的重新评估工作是必要的，这项工作同时也期待着能得到造园专家的支持。为了实现这样的重新评估方案，没有财政的支援是不行的。这些公园的管理和营运，有相当一部分是需要通过地域居民的主动参与来加以保障的。

根据地域居民的重新评估，作为“大家的公园”而被活用的公园就能成为“地域之宝”，能够起到它应有的作用。公园是城市的生活空间，在地域中生活的人们期待着将公园作为活动室，从而扩大城市的建设规模。

这样的重新评估工作不仅对公园，对道路和公共设施也一样。地域居民的私有空间对周边的城市敞开胸怀，也会筑起所说的城市建设的共同基础。

首先，作为开始的第一步，我提倡地域居民进行“公园的重新评估”活动。

后记

面向新的世纪，日本的大学正从独立行政法人化向民营化转变。对主要担负着高等教育和基础研究的大学直接进入市场的策略实行财政改革的方向必须从不同的视角来讨论，如果考虑到这个国家的未来，倒不如也加上私立大学，应该更加充实大学的教育和研究环境，至少应该把欧洲的普通环境作为目标。

现在，日本的很多大学一边摸索自我改革之路，一边强烈反对独立行政法人化，认为国家不能放弃完成高等教育和基础研究的责任。可是，尽管大学有如此强的危机感，却没能得到国民广泛的理解和支持。一般认为，日本的大学存在着很大的问题，特别是全面依靠国民税金的国立大学的问题更加严重。今天的状况意味着大学与国民的生活过分隔绝，疏远了同他们日常关心的事物之间的距离。由于过于关注缺乏社会性和伦理观的个人性和趣味性的研究，国民对大学的信赖和期待也在很大程度上呈下降趋势。大学应该在国民生活中深深扎根，体验那里的悲伤、痛苦、乐趣和喜悦，从不同视角来寻求对研究和教育的再构造。

即使是在城市规划和造园规划的领域也不例外。为了建造国民居住舒适的生活空间，使之深深在国民生活中扎根，要从那里发掘研究课题，一边积累基础研究，一边将得到的成果应用于城市规划中，重要的是大学应该明确研究的位置和作用。舒适的城市建造不是大学研究所能做到的，而只有通过国家和自治团体的职员、企业的技术人员（计划者）、每个居民和所说的与居民组织的共同联合才有可能实现。大学必须通过自己的努力来弥补自治团体等不能完成的日常业务、难以在民间企业中开展的活动以及居民日常生活中不常见到的情况等空白。为了弥补各阶层的弱点，大学应花时间把基础性、将来性和前导性的事情作为研究的中心，担负起应有的责任，起到自身应有的作用。

虽然目前还没有思考将这项研究当作一项重要工作来做，但还是提出了对实现这一目标的希望，并且已经在专心致志地做。从什么样的视角致力于什么样的研究，应该是城市规划和公园专业的学校师生讨论的一个话题。

我希望许多关心孩子成长环境的读者能读这本书。包括城市规划、造园设计、土木设计等专业领域的研究者、学生、企业和自治团体的职员、学校的各位教师以及从事儿童会、PTA、老人会和街道居委会等活动的工作人员，还有警察等，更希望家长们能阅读这本书。

最后，衷心感谢给予我这一研究观点和机会的前京都大学名誉教授西山夘三和千叶大学名誉教授宫崎元夫。同时，衷心感谢千叶大学的藤井英二郎副教授、木下勇副教授和以增田成玄、椎野亚纪夫为首的诸位研究生、本科生等的支持与合作。研究室的事务官池田君枝、山岸美和子以及晶文社的岛崎勉除了整理原稿以外，也承蒙关照。在这里也向他们致以深深的感谢。

中村 攻

二〇〇〇年春于户定丘

译者的话

大学毕业后很长一段时间，包括在日本留学期间，我一直都认为“园林规划设计专业”就是“规划设计”。只有“不停”地去画图，才是我们专业要做的事情，而且这种想法在当今的大学生中间也存在着普遍性。但是在与日本千叶大学中村攻老师的一次对话中，我改变了这种看法。那还是我硕士论文答辩完成后不久，当时我的论文被所有老师共同认为是最不成熟的一篇论文。中村老师当初也许是为了安慰我，主动问起我的情况，他问我最喜欢做的事是什么？我说是“规划设计”，因为我在中国上大学的时候，每天都呆在图板前面画图，这个专业好像不画图就没什么可干的了。但是中村老师却很顺便地问我：“你知道吗？在日本有很多可供儿童活动的户外绿地场所。设计师们每天都在为这些儿童公园做设计。无时无刻不在寻找和追求最适合儿童户外活动场所的设计，而且其中许多人为此努力奋斗了十几年，甚至更多。但是这些优秀的设计师为儿童设计的户外活动场所原本是儿童最喜欢的场所之一，现在却成为儿童被拐骗、被伤害的危险场所”。听到这里，我都快崩溃了，难道我们一直以最大的努力去做的设计，非但没有成为儿童最理想、最喜欢的场所，反而成为犯罪事件最多发的场所。看着我一副无法理解的表情，中村老师又补充说：“我从10年前就开始研究这个问题，当时谁也不认为这是一个问题。但10年后的今天，日本儿童受害率不断提高，而发生案件最多的场所就是我们设计师为儿童所设计的最美、最好的公园”。听到这里，我更感到像我们这样越喜欢设计并且设计做得越多的人，越是罪魁祸首。此时，中村老师又补充道：“我们的专业不仅仅是设计，规划设计充其量也仅仅是其中的一小部分。”

从那次交谈以后，我十分注意儿童被害方面的动向，经常看到相关的报道，而且越来越多。中村老师也因为是研究这方面的最权威的教授，几乎被所有的电视、电台、报社采访过。《儿童易遭侵犯空间的分析及其对策》一书是中村老师有关此方面著书中最经典、易懂的一本书。日本、欧美在这方面的问题早已得到社会的广泛关注。中国在这方面的问题也时有报道：“男孩遭绑，命悬一线”，“上学途中遭绑架，对方索要8万元……”中国实行独生子女政策以来，对孩子的教育培养是全社会的热门话题，然而对儿童的安全问题也必将得到社会更广泛的关注。中村老师的这本书，可以让我们从另一个角度去关注我们的下一代，反思我们所做的相关规划设计项目，也许这正是重新认识我们所从事的专业的真正含意！

本书的出版得到了中国建筑工业出版社的鼎力支持，在此表示衷心的感谢！同时感谢编辑们认真负责及严谨的工作作风，感谢北京源树景观规划设计事务所的理解和支持，感谢每位读者。最后还要感谢本书的作者，日本千叶大学中村攻教授为中国同行们作出的无私奉献及一如既往的鼎力支持。

本书共分七章，主要阐明的问题是“犯罪空间的状态、要因与对策。第一章、第二章主要围绕“区域规划整理”与危险空间，以及“变化的城市街区”的危险空间加以阐述，列举了工厂迁移后的旧厂房、空置办公楼及住房，以及旧城改造，立体停车场等的建造所形成的危险空间。第三章阐述了电车、轻轨车站附近的危险空间。第四章阐述了住宅区内，例如北侧公园、高层住宅进出口附近、种植设计等形成的危险空间。第五章分析了观光场所、掩盖的绿道、大型超市商场、单身公寓等一般城市街区内的危险空间。第六章分析了以住宅区为主的危险公园。第七章则分析了安全公园的形成要因及案例。最后，本书向每位读者展示出一个对儿童而言的理想、安全的城镇模式，为中国的同行们提供了十分有借鉴意义、严谨且又非常实用的专业书籍。

章俊华

2006 年 3 月于北京源树景观规划设计事务所